非静压表面流水波模型

马玉祥　艾丛芳　董国海　著

科学出版社

北京

内 容 简 介

本书主要论述了非静压表面流水波模型（简称非静压水波模型）的开发及其在波浪传播演化、波浪与结构物相互作用、内波产生、传播演化模拟等方面的应用。具体阐述了三类非静压水波模型的开发和应用，包括基于结构化网格的非静压水波模型、基于浸入式边界法的非静压水波模型和基于非结构化网格的非静压水波模型。内容涉及非静压水波模型在海岸工程、港口工程、海洋工程及物理海洋等相关问题中的应用，反映了当前非静压水波模型的最新研究进展。同时，本书涉及诸多数学物理方法的运用，有助于相关研究方向的初学者了解和掌握相关知识和技能。

本书可供从事港口航道与海岸工程、海洋工程、物理海洋及计算数学等与水波数值模拟相关领域的科研人员和工程师阅读，也可供高等院校相关专业的教师和研究生参考。

图书在版编目(CIP)数据

非静压表面流水波模型/马玉祥，艾丛芳，董国海著. —北京：科学出版社，2024.6
ISBN 978-7-03-074698-6

Ⅰ.①非… Ⅱ.①马… ②艾… ③董… Ⅲ.①流体静压力-水工模型
Ⅳ.①TV131.61

中国国家版本馆 CIP 数据核字（2023）第 018621 号

责任编辑：王 钰 / 责任校对：王万红
责任印制：吕春珉 / 封面设计：东方人华平面设计部

科 学 出 版 社 出版
北京东黄城根北街 16 号
邮政编码：100717
http://www.sciencep.com

北京中科印刷有限公司印刷
科学出版社发行 各地新华书店经销
*

2024 年 6 月第 一 版 开本：B5（720×1000）
2024 年 6 月第一次印刷 印张：10 3/4 插页：4
字数：212 000

定价：118.00 元
（如有印装质量问题，我社负责调换）
销售部电话 010-62136230 编辑部电话 010-62151061

序

　　海洋中存在着各种不同形式的水波运动，包括风产生的表面波、密度跃层产生的内波等，这些波动现象是我们认识和研究海洋动力过程的基础问题。此外，在港口建设、海岸防护、海洋新能源和深远海石油开发等诸多工程的规划和设计中，水波运动直接影响工程布置和结构物形式，是必须考虑的关键要素之一。

　　随着计算机技术发展的突飞猛进和计算流体力学的长足进步，水波数值模型的成长特别迅速。高效准确地模拟水波运动以及水波与结构物的相互作用过程对数值模型的性能要求较高，庞大的计算量一直是研究人员头疼的问题之一。非静压表面流水波模型是近年来新兴的一种水波数值模型，其特点是采用水位函数捕捉自由表面，相对于模拟复杂自由表面的数值模型，这种方法计算效率高，并且理论上可以模拟任意复杂环境下的水波传播及其与结构物的相互作用，因此近年来发展非常快，已成为水波研究的主流模型之一。

　　本书作者的研究团队经过近 10 年的潜心研究，开发了功能完善的非静压表面流水波模型，并进行了广泛的验证。本书是作者多年来在非静压表面流水波模型方面的研究成果、实用技术和实践经验的总结，内容丰富、科学性强，内容涵盖了三类非静压水波模型，包括基于结构化网格的非静压水波模型、基于浸入式边界法的非静压水波模型和基于非结构化网格的非静压水波模型。本书详细介绍了这三类非静压水波模型的开发以及在水波传播演化、水波与结构物相互作用模拟方面的应用，总结了非静压表面流水波模型的新成果，可为从事水波数值模拟研究的科研人员、学者和工程技术人员拓展研究思路，具有很好的参考价值。

　　今天，我非常乐见作者把他们丰富的研究成果著书出版。相信本书的推出将会促进海洋水波数值模拟方面的研究，推动数值模拟技术在海岸工程和海洋工程中的应用。希望作者今后能有更多的创新成果，使非静压水波模型的应用越来越广。

中国工程院院士

李家军

2021 年 8 月 10 日

前　言

作为世界上的海洋大国，我国拥有 470 多万平方千米的海域以及总长度超过 32 600km 的海岸线，开发和利用海洋资源显得尤为重要。为了更好地开发和利用海洋资源，必须对水波运动有更为科学和系统的研究和理解。随着计算机技术突飞猛进的发展和计算流体力学的长足进步，数值模型被广泛地应用于水波运动的模拟研究中。数值模拟相对于物理模型试验，成本较为低廉，可以任意改变初边值条件实现多工况物理过程的模拟。同时，数值模拟可以对全流场各个区域和测点上的数据进行分析，补充物理试验的不足。

近 20 年来，非静压表面流水波模型受到了越来越多的关注。非静压表面流水波模型通过将自由表面定义为水平坐标的单值函数，采用满足自由表面和底面运动学边界条件的水位函数方程来求解自由表面运动。相对于模拟复杂自由表面运动的两相流数值模型，非静压表面流水波模型的计算效率更具竞争力。目前，非静压表面流水波模型被广泛地应用于从远海到近岸波浪传播演化的模拟、内波产生及传播演化模拟、滑坡涌浪模拟，以及水波与结构物相互作用等问题的模拟。

本书主要介绍了三类模拟波浪传播演化的非静压水波模型，包括基于结构化网格的非静压水波模型、基于浸入式边界法的非静压水波模型和基于非结构化网格的非静压水波模型。全书共 5 章。第 1 章为绪论，主要介绍与波浪和内波相关的工程问题背景、静压与非静压自由表面流动的特点，概述了常见的水波模型。第 2 章介绍了非静压模型的起源、发展和控制方程的建立，对比了常见的非静压水波模型，概述了水波模型开发中常用的数值离散方法和计算网格。第 3 章阐述了基于结构化网格的非静压水波模型的数值离散方法，以及该模型在近岸波浪数值模拟、深水波浪数值模拟和岛礁地形上波浪传播演化数值模拟方面的应用。第 4 章阐述了基于浸入式边界法的非静压水波模型的数值离散方法，以及该模型在波浪与水下或浮式结构物的相互作用、直立墙结构物上波浪的极端爬高、内波的产生与传播等方面的应用。第 5 章阐述了基于非结构化网格的非静压水波模型的数值离散方法，该模型在非线性波浪与直立圆柱的相互作用、弱三维波浪相互作用的数值模拟等方面的应用，以及内波的经典算例。

受作者研究水平所限，本书仍存在诸多不足和有待进一步完善之处，敬请读者提出批评和建议。

目　　录

第1章 绪 论

　　水波是在液体介质内或两种流体界面间（如大气与海洋）的扰动现象，是海洋中最常见的现象之一。按液体质点所受的主要恢复力，水波可分为重力波、表面张力波、潮汐波等。在惯性力的作用下，当位于两种流体界面上的液体偏离平衡状态或者在同一液体介质中液体运动到了密度不同的区域，重力或浮力的作用促使液体恢复平衡状态，这样会导致液体以波动形式在平衡状态附近振荡，即形成了重力波。表面张力波也称为毛细波。当液体受到某种干扰偏离平衡位置时，在重力和表面张力等恢复力的作用下将促使其返回平衡位置，而惯性力的存在使得液体难以恢复平衡状态，这样就形成了液体质点的振荡和因振荡传播而产生的自由表面波。潮汐波是指在太阳、月球及其他天体的引潮力、重力、惯性力等作用下所产生的地球表面的周期性潮汐波动。在液体介质内产生的重力波称为内波，而在两种流体界面间的重力波称为表面重力波或表面波。

1.1 概 述

　　表面波和内波是本书主要关注的研究对象。海洋中的表面波通常是在风的作用下将大气能量传到海洋表面而产生的，这一过程主要涉及两种不同的机理。Phillips（1957）假设作用在静止海面上的是紊流风场，紊流风场的风速脉动效应将导致作用在水气交界的海面上的法向和切向应力均产生脉动现象。这一法向应力即为作用在海面上的大气压力。在脉动大气压力的驱动下，当这一驱动力的频率和波数与毛细重力波的振动模式相匹配时，就会产生共振，引起表面波振幅的升高。与其他共振效应一样，该表面波的振幅也随时间呈线性增长。由于毛细重力波的作用，水气交界面具有了一定的粗糙度，并发生了第二阶段的增长。如上所述的在水气交界面自发形成的波按照 Miles（1957）描述的方式与紊流平均流动相互作用，这就是所谓的临界层机制。临界层形成于波速与紊流平均流速相等的高度。当流动为紊流时，流速沿水深呈对数分布，其二阶偏导数为负数。这正是平均流动通过临界层向界面传递能量的条件。这种对界面的能量供应是不稳定的，并导致界面上水波的振幅随时间增大。与其他线性不稳定性的例子一样，这个阶段的扰动增长率在时间上呈指数分布。这种迈尔斯-菲利普斯（Miles-Phillips）机制可以一直持续直到达到平衡，或者直到风停止向波浪传递能量，或者当波浪在风程范围之外时。

　　内波是在液体介质中而不是在其表面振荡的重力波。产生内波的基本条件之一是液体必须分层，即密度必须随着深度或高度的变化（连续或不连续）而变化，如由温度或盐度而导致的变化。如果密度在一个很小的垂直距离上发生变化（如湖泊和海洋中的温跃层），则内波会像表面波一样沿水平传播，但传播速度较慢，这取决于界面下方和上方液体的密度差。如果密度不断变化，内波也可以在液体中沿垂向和水平方向传播。在大尺度上，内波既受地球自转的影响，也受介质分层的影响。这种波运动的频率从科里奥利（Coriolis）效应（惯性运动）的下限到布伦特-维赛拉（Brunt-Väisälä）频率或浮力频率不等。在 Brunt-Väisälä 频率以上，可能存在瞬息即逝的内波运动，如由部分反射引起的内波运动。潮汐引起的内波是由潮汐流与海底地形的相互作用产生的，称为内潮波。

1.2　与波浪相关的工程问题背景

　　波浪是海岸工程和海洋工程重要的环境动力因素之一，其作用力是设计防波堤、码头、采油平台、浮式风机、船舶等必须考虑的海洋环境荷载之一。在近岸区域，受浅水地形以及海岸工程建筑物等的影响，从深水而来的波浪在传播过程中会经历浅化、折射、绕射和破碎等复杂的物理过程，并伴随着波浪能量在各谐波之间的非线性转移。在波浪浅化的过程中，随着质点运动轨迹变得不对称，波高会增加，波速会降低，波长会减小。波浪折射是波浪与海床相互作用以致波速减缓时发生的过程。当波浪在浅水中减速时，波峰倾向于以逐渐减小的角度与等深线平行，而波向线则逐渐偏转，趋向于与等深线和岸线垂直。在浅水中传播的波浪由于海床阻力的影响，水体底部的传播速度将小于上层水体，这就会导致波面前部陡峭，后部变得平坦。这一过程随着水深的降低逐渐加速，一旦波浪变得极不稳定，就向前倾倒破碎。

　　准确高效地模拟波浪从深水到近岸的传播演化过程对海岸工程建筑物的设计具有重要的意义，是波浪数值模拟一直追求的目标。传入浅水的波浪是造成泥沙输运的重要海洋环境因素之一。对于淤泥质泥沙海岸环境，波浪与潮流的共同作用会造成海岸建筑物附近的海底地形频繁地冲淤变化；对于沙质海岸环境，波浪和波浪破碎引起的沿岸流和近岸环流也会对海底地形的冲淤变化产生重要的影响。海底地形的冲淤变化对防波堤、码头和坐底式海洋平台的安全运行会产生巨大的威胁。如何采用有效的措施避免或改善海岸建筑物附近的冲刷影响也是海岸工程建筑物设计需要考虑的问题。另外，船舶在波浪等外力的作用下会产生砰击、上浪、失速和摇荡运动等现象,这会影响船舶的稳定性和船体结构的强度。因此,在船舶设计和船舶性能评价中,波浪扮演着重要的角色,准确预估海洋环境中波浪荷载对船舶性能的影响具有重要的意义。对于深水中的浮式采油平台和浮式风机,波浪引起的运动响应也是海洋工程结构物设计中需要考虑的问题。在深水环境中,极端波浪的产生虽然具有随机性,但由于其非线性强,破坏力大,其与海洋结构物的相互作用将对浮式采油平台或浮式风机的安全运行造成极大的威胁,对海上工作人员的生命安全造成重大的危害。因此,如何准确地模拟极端波浪的产生及其与海洋结构物的相互作用也是海洋工程数值模拟一直关注的问题。

1.3 与内波相关的工程问题背景

内波在全球海洋范围内无处不在,也是海洋环境重要的动力因素之一。我国作为海洋大国,南北海域均有较为频繁的内波运动。据报道(杜涛等,2001;叶建华,1990),黄海中部海域存在较强的密度跃层,内波的最大振幅近 20m,传播速度在 0.5~0.6m/s。东海内波的振幅可超过 40m,水平传播速度达到了 0.4m/s。在南海北部观测到的内波最大振幅可达 170m,波速可达 2.0~4.0m/s。与表面波类似,内波在靠近海岸时也会发生变形。当波幅与水深之比变得让内波"摸到底部"时,内波底部的水质点由于与海底的摩擦而减速。这会导致内波变得不对称,波面变陡,最终也会破裂。内波通常是潮汐经过陆架坡折时形成的。在大潮期间产生的具有较大波幅的内波经过大陆架后破碎并产生内涌浪(彩图 1)。在内涌浪中,温度和盐度随水深会发生快速、阶梯式的变化,内涌潮底部附近会突然出现逆坡流,而且在内涌潮的前部会出现高频内波包。

与波浪相比,内波往往具有更大的能量和破坏力,对采油平台、海底输油管道甚至船舶的航行会造成严重威胁。根据国内外媒体的报道,由内波引起的海洋结构和潜体破坏事件已经发生过许多起。1963 年 4 月 10 日美国"长尾鲨"号核动力潜艇在距离波士顿港大约 350km 处突然沉没,艇中人员全部遇难。调查结果表明,潜艇迅速下沉是由大振幅内波作用导致的。1980 年,位于安达曼海域内的一台石油钻井机在内波的作用下发生约 30m 的水平移动,且扭转了 90°。1990 年,我国南海海域的流花 11-1 油田在进行单井延长测试过程中,因突发大振幅内波,导致缆线断裂、船体碰撞、浮标拉断、浮标软管挤压破坏,造成了巨大的经济损失。1992 年,在我国南海海域陆丰油田内作业的"艾尔·比鲁"号因大振幅内波作用发生 110° 的方向改变。1998 年,在我国东沙群岛南部海域作业的中国科学院"实验 3 号"科考船遭遇内波形成的强流而发生剧烈晃动。近年来,由于我国南海石油资源开采的需求,内波及其与海洋结构物相互作用的研究受到了越来越多的关注。南海是海洋动力环境非常复杂的海域之一，也是内波频发的海域之一。揭示内波的产生机理和传播演化过程，对海洋结构物的设计及安全评估具有重要的意义。

1.4　静压与非静压自由表面流动

基于静水压强假设的理论广泛地应用于河道径流、湖泊环流和海洋潮汐等自由表面运动的研究中。在静水压强假设下，液体质点运动的垂向加速度可以忽略不计，压强沿水深的分布近乎静水压强，流线几乎是相互平行的直线。基于静水压强假设的数值模型，由于具有较高的计算效率，能较为准确地解决诸多的工程、科学问题，目前仍广泛地应用于河道规划整治、洪水预报，以及湖泊环流、海洋潮汐运动等问题中。然而，对于波浪运动［彩图 2（a）］、强密度分层引起的内波运动［彩图 2（b）］以及突变地形或建筑物上流经的水流运动［彩图 2（c）］，由于液体质点运动的垂向加速度不可以忽略，静水压强假设明显不成立，此时，需要引进考虑到非静水压强的理论来研究这些问题。

波希尼斯克（Boussinesq）在 1877 年首先建立了描述水波运动和恒定自由表面流动问题的非静压理论。Boussinesq 假设垂直于渠底的速度为线性分布，并据此在恒定流动量方程中引入了流线曲率的影响。同时，沿横向（与流动垂直的水平方向，即 y 方向）积分该动量方程便得到了如下扩展的三阶微分方程（Castro-Orgaz and hager，2011）：

$$\frac{U^2 h^2}{g}\left(\frac{1}{3}\frac{\mathrm{d}^3 h}{\mathrm{d}x^3}-\frac{1}{2}\frac{\mathrm{d}^2 S_{\mathrm{o}}}{\mathrm{d}x^2}\right)+\left(h-\beta\frac{U^2}{g}\right)\frac{\mathrm{d}h}{\mathrm{d}x}=h(S_{\mathrm{o}}-S_{\mathrm{f}}) \qquad (1.1)$$

式中，U 为深度平均速度；β 为 Boussinesq 速度修正系数；g 为重力加速度；h 为水深；S_{o} 为底坡坡度；S_{f} 为摩擦比降；x 为沿程距离。

受 Boussinesq 的非静压自由表面流动理论的启发，Fawer（1937）通过在能量方程中引入流线曲率的影响对水工建筑物中无旋恒定流进行了研究。此后，基于 Boussinesq 的理论，Serre（1953）建立了素流 Boussinesq 模型，并且在理论上讨论了恒定和非恒定流动。接着，Peregrine（1966）针对弱非线性的问题对 Serre（1953）的模型进行了简化，并首次采用数值离散方法求解简化后的方程，同时对近岸波动式涌潮这一非静压自由表面流动进行了数值模拟研究。Peregrine（1966）开拓了非恒定 Boussinesq 类方程的数值模拟研究工作。时至今日，基于 Boussinesq 类方程的模型仍层出不穷，并广泛地应用于波浪运动这一典型的非静压自由表面流动的研究中。

应该强调的是，从广义上来讲，凡是描述波浪、内波等不满足静水压强假设的自由表面流动的模型均可称为非静压模型，如 Boussinesq 类方程模型、势流模型等。然而，从狭义上来讲，直接在模型中通过非静压项体现非静压自由表面流动的模型才被称为非静压模型，本书所介绍的非静压模型正是这样一类模型。近20 年来，随着计算机计算能力的提高，越来越多的研究者致力于非静压模型的研究，以模拟复杂的水波运动。关于非静压模型的发展及其控制方程的介绍可详细见 2.1 和 2.2 节。

1.5 常见水波模型介绍

下面简要介绍常见的水波模型。根据水波模型的理论完整性对其进行了分类。不同的水波模型结合相应的数值离散方法就可以得到模拟水波运动的数值模型。随着计算机计算能力的不断提升，水波数值模型在海岸、海洋工程设计和安全评估等领域起到了重要作用，对理解复杂的水波演化过程以及水波与海洋结构物相互作用的物理过程也做出了重要贡献。

1.5.1 缓坡类水波模型

缓坡方程的雏形可以追溯到 1951 年由美国加利福尼亚大学 Eckart（1951）用水深平均法建立的波浪运动偏微分方程。1972 年，还是荷兰代尔夫特理工大学博士生的 Berkhoff 等（1982）也采用了在缓坡条件下进行水深平均的想法，从描述水波运动的三维拉普拉斯方程出发，在线性理论中引入表示地形缓变的小参数，采用摄动法和沿水深积分法，得到了另一个不同系数的水波方程，这就是得到广泛应用的经典缓坡方程。

它之所以被称为缓坡方程，是因为方程的推导是基于海底地形坡度平缓的假设。国际上的水波界学者们发现，这个方程简单而奇妙。由于去掉了垂直方向上的自变量，使方程的空间维数比原拉普拉斯方程降低了一维，因此计算简单。正是由于这种简化，该方程可以用来模拟海浪在大范围海域的运动和传播。它的奇妙之处在于它不仅能描述波浪的折射和绕射的双重效应，而且还可将长波方程和亥姆霍兹方程等一系列经典方程作为特例，适用范围从长波到中波，从中波再到短波，涵盖了整个波谱。

缓坡方程属于线性波动理论，不考虑波浪的非线性影响，这正是它的优势所在。缓坡方程将势波理论的三维问题转化为二维问题，简化了问题的处理。Booij 和 Battjes（1981）详细讨论了缓坡方程在不同水底坡度下的应用精度，其结论是在海底坡度小于 1/3 时可保证其使用的准确性；综合考虑了波浪的折射和绕射，解决了传统折射模型无法处理的问题（如焦散点附近的波浪场计算等问题）。结合固体边界的反射边界条件，便可建立波浪传播与变形的折射-绕射复合反射数学模型。

缓坡方程具有两种极限情况（张扬等，2005）：浅水情况时，方程转化为浅水波方程；深水情况时，方程化为短波方程。这说明缓坡方程具有很宽的波浪频率（从短波到长波）和水深（从浅水到深水）使用范围。缓坡方程在近岸波浪传播和变形的波场计算中得到了广泛的应用，如航道、港池、港湾、海岸带开阔水域、防波堤周围水域、长波（海啸）和短波、人工岛、岸线变化模型、破碎带波浪生流模型等的波场计算，可以说，缓坡方程在各种海岸工程和环境工程的波浪场计算中几乎都有使用。

尽管缓坡方程得到了广泛的应用，但如前所述，缓坡方程属于线性波动理论范畴，这严重制约了缓坡方程的应用范围。同时，缓坡方程是一个不可分离的椭圆偏微分方程。要求解缓坡方程，每个波长上至少要有 8 个（通常为 8～10 个）网格节点，因此需要求解一个巨大的矩阵。由于计算机内存和速度的限制，在大面积海域应用缓坡方程是困难或不可能的。缓坡方程为线性单频波动方程，没有考虑波浪非线性、波浪破碎、底摩擦能量损失、随机性（不规则性）和波流相互作用等因素。

为此，国内外许多学者对缓坡方程进行了大量的改进工作。这些改进不仅包括对原缓坡方程的改进，也包括对缓坡方程的简化和近似形式 [如双曲型缓坡方程、抛物型缓坡方程、埃伯索尔（Ebersole）模型等] 的改进。例如，Booij 和 Battjes（1981）在缓坡方程式中加入一项 $i\omega W\phi$ 来考虑底摩擦作用；近岸波浪传播过程中同时受到地形和水流的影响，水流对波浪变形的影响与地形的影响具有同样的重要性，不少学者提出了考虑地形和水流综合作用的缓坡方程；也有不少学者考虑非线性作用的影响。

1.5.2 Boussinesq 类水波模型

水流运动的基本方程纳维-斯托克斯方程（Navier-Stokes equations，NSE，N-S方程）是研究河口与海岸水动力过程的控制方程，但对三维水流运动常采用简化形式浅水方程，其视水体运动为均匀流动，适用于天然缓变地形。符合以下条件的均匀流体的流动称为浅水流动：①有自由表面；②以重力为主要驱动力，以水流与固体边界之间及水流内部的摩阻力为主要耗散力，有时还存在水面气压场、风压力及地转柯氏力等的作用；③水平流速沿垂线近似均匀分布，不必考虑实际存在的对数或指数等形式的垂线流速分布；④水平运动尺度远大于垂直运动尺度，垂向流速及垂向加速度可忽略，从而水压力接近静压分布。浅水中满足以上 4 个条件的有限振幅表面重力长波理论称为艾利（Airy）理论；而只满足前 3 个条件的理论称为 Boussinesq 理论，这 3 个条件也是 Boussinesq 类水波方程建立的基础条件。

在流体动力学中，水波的 Boussinesq 近似是对弱非线性和长波有效的近似。Boussinesq 近似是以法国科学家约瑟夫·波希尼斯克（Joseph Boussinesq）的姓氏命名的，他首先根据约翰·斯考特·拉塞尔（John Scott Russell）对孤立波的观察得出了这种近似（Müller，2006）。在此基础上，1872 年，Boussinesq（1872）假定水深为常数，垂向速度沿水深呈线性分布，得到一组水平一维弱色散的非线性方程，开启了对 Boussinesq 类水波方程研究的大门，后人为纪念他的重大贡献称该方程为 Boussinesq 方程。其后国内外学者也推导了很多此类水波方程，称为 Boussinesq 类水波方程。

Peregrine（1967）年推导了可以考虑水深变化的水平二维 Boussinesq 类水波方程，该方程后来被称为经典 Boussinesq 类方程。经典的 Boussinesq 类方程有如下特点：①控制方程为质量守恒的连续方程和无黏不可压缩动量方程，其中动量方程中的时空三阶混合导数项称为色散项，是 Boussinesq 类方程区别于浅水长波方程的主要标志；②以波面和水深积分平均速度为变量，该方程可以模拟波浪折射、绕射、反射和波浪间的相互作用等；③该方程是弱色散性和弱非线性的，方程的色散适用范围是有限的，仅适用于浅水区域的波浪模拟，而弱非线性则表现为方程中与二阶色散性相匹配的非线性项的缺失；④该方程不能考虑环境水流的影响，因为方程中没有包含水流引起的波长变化的多普勒效应项。

克服上述经典 Boussinesq 类方程存在的缺陷和不足需要引入评价模型精度的度量标准。为了改善 Boussinesq 类方程在色散性、非线性、波流相互作用等方面的性能，国内外众多学者做出了不懈的努力，极大推动了 Boussinesq 类方程的发展。多数 Boussinesq 类水波方程中不存在明显的垂向速度，其在推导过程中表达为水平速度的显式函数，因此三维复杂问题简化成水平二维问题是众多 Boussinesq 类方程的一个最显著的特征，其带来的最大便利就是数值模型的计算效率得到了相当程度的提高。另外一类则是三维 Boussinesq 类方程，它的显著特征是垂向速度在控制方程中仍是独立未知量。事实上，Boussinesq 类方程是势流理论，三维 Boussinesq 类方程在精度方面不断逼近以拉普拉斯（Laplace）方程为控制方程的势流理论，并且计算效率比三维波浪势流理论要高。因此，三维 Boussinesq 类水波方程顺应了当前海岸工程和海洋工程的发展需求，也是水波理论研究领域的前沿方向之一。

Boussinesq 类水波方程在近岸波浪动力学研究领域中已经获得了广泛的应用（李孟国等，2002）。目前用 Boussinesq 类水波方程研究的问题有：港口航道波浪模拟；非线性波与流相互作用的理论研究；非线性波与波相互作用的理论研究；水流对浅水波浪非线性相互作用的影响研究；波浪在岸滩上的爬高；波动水平速度的垂直结构的计算；波浪破碎、波生水平近岸流、波生流及波浪增水的数值模拟研究；破碎拍和低频振荡研究；泥沙运动与岸滩演变；特殊海底底床上波浪传播非线性变形（具有渗透层的底床、珊瑚礁底床、有障碍物海底）。

　　有关以上提到的水平二维和三维 Boussinesq 类水波方程的理论研究和发展一直持续至今。有关水平二维 Boussinesq 类水波方程的发展和完善主要体现在改进色散性能、改进线性变浅性能和改善非线性性能等，但非线性研究适用水深远远小于色散性，速度沿水深分布的精度较差，这是水平二维方程最致命的缺陷，也不能满足当前深海工程对强非线性波浪、波浪与结构物相互作用的计算需求；而有关三维 Boussinesq 类水波方程的发展主要集中在提高方程色散适用水深和垂向速度分布精度等方面。总之，Boussinesq 类水波方程具有优势，但仍需要进一步发展和完善。

1.5.3　势流模型

　　当湍流可以忽略且底部边界层厚度较薄时，可以基于无旋假设建立描述水波运动的 Laplace 方程，即为势流模型。与 N-S 方程模型相比，势流模型控制方程的复杂性和求解的变量个数均显著降低。因此，势流模型需要的计算资源通常要少于 N-S 方程模型，计算效率也较高。Laplace 方程通常采用边界元（Bai and Eatock，2006，2007；Zhou et al.，2013）、有限元（Ma et al.，2001；Hu et al.，2002；Wang and Wu.，2010）和谱方法（Ducrozet et al.，2012，2016）等数值方法进行离散求解。基于边界元方法建立的模拟三维完全非线性波的势流模型计算成本很高。基于有限元方法建立的势流模型已被证实可以模拟波面翻滚的波浪问题（Yan and Ma，2009a，2009b）。基于谱方法建立的势流模型具有收敛性好、计算速度快、精度高的优点。谱方法的基本原理是将微分方程的解用适合的基函数表达，通过求解基函数的系数使其满足微分方程及其边界条件，进而实现对方程的求解。

　　势流模型能够模拟深水和浅水中强非线性的水波问题。在研究地形变化时的非线性波浪变形、大型物体上的线性波浪绕射和大型结构物上的波浪力等方面是有效的。该模型适用于大多数线性和非线性非破碎波及其与大型结构物的相互作用。这种模型的主要局限性在于它要求流动是无旋的。因此，该模型无法模拟破碎后的波浪运动以及波浪与小物体的相互作用，在此过程中旋涡脱落效应不可忽略。

1.5.4　基于 N-S 方程的模型

　　随着计算机技术的发展，近 20 年来计算机的计算能力有了很大的提升。从 2019 年 11 月份发布的全球超级计算机 TOP500 榜单可以看出，目前世界排名第一的超级计算机为美国 IBM 公司（International Business Machines Corporation）制造的 Summit 超级计算机，该超级计算机的总核数有 2 414 592 个，峰值运算速度达到了 200 794.9TFLOP/s（TFLOP/s 即太浮点运算次数每秒，是衡量计算能力的单位）。我国的神威·太湖之光和天河 2 号超级计算机依然占据在该榜单的第三和第四的位置。计算机硬件的不断升级，为基于黏性流模型的水波模拟提供了有力的保障。需要注意的是此处的黏性流模型指的是：不可压缩条件下，考虑流体黏性且对液体和气体同时进行模拟的两相流模型。

根据黏性流模型是否需要借助额外的湍流模式（Wilcox，2006），可分为直接数值模拟、大涡模拟和雷诺平均模拟。其中，直接数值模拟（direct numerical simulation，DNS）是对原始的 N-S 方程直接进行离散求解，不添加任何的湍流模式，是最为精细的数值模拟。与此同时，由于需要精确解析不同尺度的湍流脉动量，对网格分辨率要求极高。目前仅限于雷诺数近似为 10 000 量级的水波问题模拟，主要应用于波浪破碎相关问题的研究（Chen et al.，1999；Deike et al.，2015；Deike et al.，2017；Iafrati，2009，2011；Yang et al.，2018）。大涡模拟（large eddy simulation，LES）指的是对原始的 N-S 方程进行滤波操作。由滤波器将要求解的物理量分解为大尺度脉动量和小尺度脉动量，对其中的大尺度脉动量直接求解，对小尺度脉动量采用湍流模式进行近似求解。目前常用的求解小尺度脉动量的湍流模式为 Smagorinsky（1963）于 1963 年提出的次网格湍流应力模式（subgrid-scale stress model）。当前基于大涡模拟的黏流模型已被应用于高雷诺数波浪破碎（Lubin and Glockner，2015；Lubin et al.，2006；Christensen，2006）、湍流边界层（Grigoriadis et al.，2012）和波浪越浪（Okayasu et al.，2005）等问题的研究。雷诺平均模拟需对原始 N-S 方程中的物理量进行时间平均，得到雷诺平均的 N-S（Reynolds-averaged Navier-Stokes，RANS）方程。由于原始 N-S 方程的物理量被分解为时均量和脉动量之和，导致 RANS 方程出现了雷诺应力项，该项需要通过湍流模式进行求解。常见的求解雷诺应力项的湍流模式有 k-ε（Shih et al.，1996）模型和 k-ω（Wilcox，2006）模型。雷诺平均模拟的计算量相比于 DNS 和 LES 要少，在海洋工程中的应用相对来说比 DNS 和 LES 略多一些，已被应用于孤立波与直墙的相互作用（Hsiao and Lin，2010）、波-流相互作用（Zhang et al.，2014）、随机波浪与水下结构物的相互作用（Lara et al.，2006）、海上风力发电和波浪破碎（Lin and Liu，1998）等问题的研究。值得注意的是，大涡模拟和雷诺平均模拟都是采用把 N-S 方程中流体物理量分为大尺度脉动量和小尺度脉动量的思想（Speziale，1998）；雷诺平均模拟是采用时间平均方法对流体物理量进行分解，因而小尺度脉动量的时均量为 0；但是，在大涡模拟中，小尺度脉动量的时均量不为 0，这是由于大涡模拟中，流体物理量是进行滤波操作而非时均分解（Wilcox，2006）。

通常来说，流体的描述方式可分为拉格朗日法和欧拉法。同样的，黏性流模型也可以分为两类，即无网格法和网格法。无网格法也称为粒子法，如光滑粒子流体动力学方法（smoothed particle hydrodynamics method，SPH 方法）（Gingold and Monaghan，1977）。SPH 方法起源于 20 世纪 70 年代，最初被应用于天体物理的研究中（Gingold and Monaghan，1977；Lucy，1977）。当前该方法已被引入到海洋工程领域的相关研究中（Gomez-Gesteira et al.，2010），如强非线性波浪的传播演化、波浪破碎（Dalrymple and Rogers，2006；Crespo et al.，2015）、海底滑坡（Qiu，2008）和波浪与浮体的相互作用（Bouscasse et al.，2013；Wen et al.，2016；Gong et al.，2016）。但是，总体来说，目前大多数的两相流模型还是在网格法体系下开发的。

在采用两相流模型进行水波模拟时，水波波面的时空演化过程，主要依赖于两相流模型中的界面追踪模块。界面追踪模块的计算精度在水波模拟中起着至关重要的作用。具体表现在：首先，界面追踪方法的误差会影响到界面附近的流场演化，从而影响到后续的波面演化。其次，当所进行的数值模拟算例需要考虑流体表面张力的影响时，界面曲率估计得精确与否，也会影响到界面的波动情况；不准确的曲率估计会导致界面处产生非物理现象，如界面处的伪波。因此，一套优秀的两相流模型代码，必须搭配高精度的界面追踪方法。常见的界面追踪方法有：流体体积（volume-of-fluid，VOF）函数方法（Hirt and Nichols，1981）、界面追踪（front-tracking，FT）方法（Tryggvason et al.，2001；Unverdi and Tryggvason，1992）和等位（level-set，LS）函数方法（Osher and Sethian，1988；Sussman and Puckett，2000）；其中 VOF 方法在两相流模型中的应用较为广泛。

开发一套较为成熟的计算流体动力学（computational fluid dynamics，CFD）模型往往需要耗费研究人员多年的时间与精力，目前已有多款商业化流体力学软件可用来模拟水波相关问题，如 Fluent、Flow-3D、Star-Ccm+。商业化流体力学软件虽然在一定程度上可以模拟水波的传播演化过程，但是，其在强非线性波浪模拟上的表现却差强人意。其数值模拟结果往往会呈现出所模拟的波浪波高衰减过大，无法满足实际需要。另外，商业软件的价格非常昂贵且核心代码无法看到。近年来，代码开源逐渐成为一种趋势，研究者可以在开源代码提供的基础共性求解器的基础上进行二次开发以满足所要研究的特定问题。在众多计算流体力学开源代码（OpenFOAM®、IHFOAM、REEF3D、NEKTAR++、Gerris、BASILISK、AMReX、Fluidity）中，开源代码 OpenFOAM®在海洋工程领域的应用最为广泛，这主要得益于 Jacobsen 等（2011）在 OpenFOAM®的基础求解器模块中嵌入了功能强大的造波模块和消波模块 waves2Foam，目前 Jacobsen 等（2011）这篇文章的引用量已达 832 次。除了开源 waves2Foam 造波模块，其他学者也致力于在 OpenFOAM®基础共性求解器的基础上开发功能更完备的造波模块（Higuera et al.，2013）。Higuera 等（2014）基于 OpenFOAM®研究了波浪与透射结构物的相互作用问题。另外一个在海洋工程领域应用比较广泛的开源代码是 REEF3D。REEF3D 是由挪威科技大学 Bihs 等（2016a）开发的一套水动力学开源代码，该开源代码的黏流模块是基于雷诺平均的 N-S 方程结合 k-ω 湍流模式对方程进行封闭，自由面追踪模块采用 LS 方法。目前 REEF3D 已成功应用于海底管道冲刷（Ahmad et al.，2019）、振荡水柱（oscillating water columns，OWC）型波浪能发电装置（Kamath et al.，2015）的水动力学分析、聚焦波与串联圆柱的相互作用（Bihs et al.，2016b）以及破碎波越过斜坡地形的水动力学特征（Alagan et al.，2015）等问题的模拟。

　　在进行海洋工程相关问题的研究时，上述提到的开源计算流体力学代码确实提供了一个很有力的研究工具。然而，开源代码的代码量较为庞大，各个子模块之间的相互调用关系复杂，因此，前期的学习时间成本较高，不易在短时间内完全掌握。非静压水波模型作为单相流模型也以 RANS 方程作为控制方程，同时要求自由水面只能是水平位置的单值函数。与非静压模型相比，两相流模型的计算量较为庞大，计算效率较低，这主要是由以下两个方面的原因造成的：首先，两相流模型中，水气交界面处并未施加任何的边界条件，水气交界面（水波波面）的变化过程完全由界面追踪模块来刻画，而实际模拟过程中，波高范围内通常需要较为精细的网格才能较为准确地刻画出波面的变化过程；网格的长宽比也会影响界面追踪模块的计算精度，这直接导致模型的网格尺寸的选取较为精细。其次，两相流模型中还需要模拟气相（空气）的演化过程。因此，在进行大范围三维问题的模拟时，非静压水波模型在计算效率方面具有很大的优势。

第 2 章　非静压水波模型简介

2.1　非静压模型的起源和发展

非静压水波模型的理论描述，可追溯到 Mahadevan 等（1996）的工作，与一些静压模型忽略垂向的运动或沿水深做积分不同，Mahadevan 等（1996）保留了 N-S 方程中的垂向动量方程，使其不再局限于近岸浅水区域。为了求解这种基本没有做简化的 N-S 方程，在其建立的模型中使用了两项比较关键的技术：一是前面提到的单值自由表面模型使用了 σ 坐标系统对原本物理空间的笛卡儿坐标系统进行坐标变换，转换后自由表面和水底分别用 $\sigma=1$ 和 $\sigma=0$ 表示，从而实现对自由表面和水底不规则形状的边界适应；二是将压力分解为静压和动压两部分独立计算。虽然严格意义上，凡是不采用"静压假定"的数值模型都是"非静压"，但上述两项处理技术仍是现在多数"非静压"模型的经典特征。

非静压模型本质上是求解 N-S 方程，近些年的兴起与数值格式、求解技术的发展以及计算机性能的提升密不可分。海洋中波浪存在多种成分，想要精细地模拟波浪场，对数值模型的空间分辨率和时间分辨率要求都比较高，当波浪模拟的区域从小尺寸的结构物如单根圆柱附近，拓展到港口、海岸线乃至一片海域，庞大的计算量一直以来都是令人头疼的问题。为了能顺利地模拟波浪场，研究人员对方程和实际问题做了简化，包括静压假定或忽略流体垂向运动，对自由表面使用刚盖近似（rigid-lid approximation）等，某种程度上都是在考虑波浪场的特性后为了能顺利完成计算而做出的妥协。以自由表面的追踪为例，相应的技术有任意拉格朗日欧拉（arbitrary Lagrangian-Eulerian，ALE）坐标法（Zhou and Stansby，1999；Hodges and Street，1999）、网格标记法（Harlow and Welch，1965）、流体体积法（Hirt and Nichols，1981）、等位函数法（Iafrati and Campana，2003）。上述的这些捕捉自由表面的方法已经成功地应用在了众多基于 N-S 方程的波浪数值模型上，但它们的计算开销往往居高不下，尤其是对计算区域较大的情况，应用这些方法会不大现实。另外，这些方法虽然可以处理复杂的自由表面（Lin and Li，2002），但自由表面在计算域里的任意分布会给压力边界条件的施加造成困难，还会对数值模型的其他方面提出额外要求，如应用网格标记法就对数值稳定性要求严格，与时间步长和空间离散相关联（Casulli and Stelling，1998）。相比于上述计算难度高、开销大的自由表面处理方式，非静压模型认为自由表面是一个对水平坐标的单值函数，波面永远位于计算域的上层边界上，便于确定和施加边界条件，计算也将更具效率。近些年来，许多将波面处理成单值函数从而实现自由表面追踪的非静压模型被开发出来（Mahadevan et al.，1996；Lin and Li，2002；Casulli and Stelling，1998；Mayer et al.，2015；Namin et al.，2001；Li and Fleming，2001；Stelling and Zijlema，2003；Chen，2003；Yuan and Wu，2004b；Bradford，2005；Walters，2005；Lee et al.，2006；Choi and Wu，2006）。对于静压假定，在水深变化缓慢的浅水区域是适用的，但对于短波和陡变地形上的流动（比如大陆架边缘），垂向的流体运动要更为明显，相比于水平运动虽然仍较小但不可忽略，垂向速度的贡献对中等尺度（10~100km）海域的波浪模拟是比较重要的（Mahadevan et al.，2010）。非静压模型处理动压力的常见做法是将压力分为静压力和动压力进行分开求解，这样做的一个好处是对静压占绝对主导的情况可以关闭动压力的计算从而提高计算效率。

由于非静压模型的控制方程（N-S）和边界条件都很简洁，最高导数为二阶，在理论性能上不存在水深或坡度的限制，近些年来各种数值方法和手段与之结合，包括有限差分法（Lin and Li，2002；Casulli and Stelling，1998；Namin et al.，2001；Stelling and Zijlema，2003；Chen，2003；Yuan and Wu，2004b；Casulli and Zanolli，2002；Zijlema and Stelling，2005；Young et al.，2007；Young et al.，2009b；Youngt and Wu，2010b；Wu and Cheng，2010）、有限元方法（Walters，2005）和有限体积法（Bradford，2005；Fringer et al.，2006；Ai and Jin，2010；Lai et al.，2010）。对于众多采用不同数值方法的非静压模型，彼此之间的性能和特性也是存在差异的，一个共同的关注点是非静压模型的色散性能。非静压模型往往都是多层模型，即将水深分层，逐层计算相应的水平速度和垂向速度，显而易见的是，分层数很大程度上影响计算结果的准确程度，通常认为，为了获得足够满意的色散性能，垂向需要划分 10~20 层（Lin and Li，2002；Casulli and Stelling，1998；Namin et al.，2001；Stelling and Zijlema，2003；Li and Fleming，2001；Chen，2003；Casulli and Zanolli，2002）。为了减少垂向分层数，在垂向上用凯勒盒子（Keller-box）方法替代交错网格布置，将压力布置在网格表面而非网格中心，使得自由表面处的压力可以精确地被设为零，而不用通过其他近似的方法。另外，Yuan 和 Wu（2004b）提出通过在交错网格上积分的方式来去掉垂向顶层上的静压假设，Young 和 Wu（2010a）则利用 Boussinesq 方程给出顶层的动压理论分布，据称，上述方法显著减少了动压力计算的偏差，在仅使用非常少的分层数的情况下即可精确地模拟色散波（Ma et al.，2012）。

就现阶段而言，对非静压模型的性能以及与分层数的关系还尚未弄清，相应的研究工作也不够充分。分层数的增加对非静压模型计算结果精度的提升存在边际递减效应，当分层数增加到一定程度后继续增加则对计算结果精度的提升并没有帮助。网格数增加过大使得计算量大增，而过小的网格数则限制了时间步长，对计算的稳定性带来不利影响。分析对比各非静压模型的计算结果，对于不同水深和不同的波浪问题，所使用的分层数不一致，即使对于同一问题，不同非静压模型的分层数也是存在差异的，彼此之间的优劣并不是固定的，因具体问题而异。因此目前并没有一个具有普适意义的分层方法指导，实施中不仅仅需确定分层数的多少，还有分层方式的选择。由于动压的影响是沿水深向下递减的，越靠近水面越明显，可以采用不均匀分层方式，即上层水体层数较多，相当于网格更密，而下层水体可划分较少的层数，这种不均匀的分层方式进一步提高了非静压模型在垂向分层上的复杂性，因此在应用非静压模型时，多次尝试调整是无法避免的，这种类似于网格收敛性的问题其实也存在于几乎所有数值模型中。另外，非静压模型经过数值离散后会得到一个大型稀疏矩阵，求解难度要高于 Boussinesq 模型中的三对角矩阵，如何提高非静压模型的计算效率，始终是模型发展过程中的一个永恒课题。无论如何，追求更为准确精细的结果是科学发展的必然趋势，非静压模型以其优越的理论性能正得到越来越多研究者的青睐。目前，非静压波浪模型被广泛地应用在从远海到近岸港口码头等各个空间区域的波浪模拟中，通过与其他各类技术手段的结合，更是极大地拓展了非静压模型处理一些复杂特殊问题的能力，包括波浪破碎、湍流运动、海底滑坡、多孔介质流动、与结构物相互作用等。

2.2　非静压模型控制方程的建立

不同文献中对非静压模型控制方程的表述不尽相同，但大同小异。本书将从 N-S 方程出发，尽量使用最简单、基础的方法，完成对控制方程的推导。

非静压模型的控制方程就是 N-S 方程，是法国纳维（Navier）和英国斯托克斯（Stokes）各自得到的，因此称为 Navier-Stokes 方程。三维非定常可压缩黏性流动的控制方程如下。

1）连续方程

非守恒型：

$$\frac{\mathrm{D}\rho}{\mathrm{D}t} + \rho\nabla \cdot \mathbf{V} = 0 \tag{2.1}$$

守恒型：

$$\frac{\partial \rho}{\partial t} + \nabla \cdot (\rho \mathbf{V}) = 0 \tag{2.2}$$

式中，∇为三维散度算子。

2）动量方程（依次为 x、y、z 方向）

非守恒型：

$$\rho \frac{\mathrm{D}u}{\mathrm{D}t} = -\frac{\partial p}{\partial x} + \frac{\partial \tau_{xx}}{\partial x} + \frac{\partial \tau_{yx}}{\partial y} + \frac{\partial \tau_{zx}}{\partial z} + \rho f_x \tag{2.3a}$$

$$\rho \frac{\mathrm{D}v}{\mathrm{D}t} = -\frac{\partial p}{\partial y} + \frac{\partial \tau_{xy}}{\partial x} + \frac{\partial \tau_{yy}}{\partial y} + \frac{\partial \tau_{zy}}{\partial z} + \rho f_y \tag{2.3b}$$

$$\rho \frac{\mathrm{D}w}{\mathrm{D}t} = -\frac{\partial p}{\partial z} + \frac{\partial \tau_{xz}}{\partial x} + \frac{\partial \tau_{yz}}{\partial y} + \frac{\partial \tau_{zz}}{\partial z} + \rho f_z \tag{2.3c}$$

守恒型：

$$\frac{\partial(\rho u)}{\partial t} + \nabla \cdot (\rho u \boldsymbol{V}) = -\frac{\partial p}{\partial x} + \frac{\partial \tau_{xx}}{\partial x} + \frac{\partial \tau_{yx}}{\partial y} + \frac{\partial \tau_{zx}}{\partial z} + \rho f_x \tag{2.4a}$$

$$\frac{\partial(\rho v)}{\partial t} + \nabla \cdot (\rho v \boldsymbol{V}) = -\frac{\partial p}{\partial y} + \frac{\partial \tau_{xy}}{\partial x} + \frac{\partial \tau_{yy}}{\partial y} + \frac{\partial \tau_{zy}}{\partial z} + \rho f_y \tag{2.4b}$$

$$\frac{\partial(\rho w)}{\partial t} + \nabla \cdot (\rho w \boldsymbol{V}) = -\frac{\partial p}{\partial z} + \frac{\partial \tau_{xz}}{\partial x} + \frac{\partial \tau_{yz}}{\partial y} + \frac{\partial \tau_{zz}}{\partial z} + \rho f_z \tag{2.4c}$$

上述方程可认为是 N-S 方程的原始形式，其中连续方程体现的是质量守恒，动量方程实质是牛顿第二定律，右侧即表示施加在流体上的各方向的力，这个力有两个来源：①体积力，直接作用在流体元的体积质量上，这些力作用有一定的距离（施力物体与流体并非直接接触），如重力、科氏力、电场力和磁场力，上述动量方程右侧 f 即表示各方向的体积力，下标表示相应方向的分力，水波问题最常见的体积力为重力，仅在垂向方向有分力。②表面力，直接作用在流体元的表面上，包括表面的压强分布，以 p 表示；以及外部流体通过摩擦的方式（黏性力）作用在表面上的切向和法向应力分布，按照惯例用 τ_{ij}（i 和 j 分别表示不同的坐标轴 x、y 和 z）表示作用在与 i 轴垂直的面上并指向 j 方向的应力，因此 $i = j$ 时代表法向应力，$i \neq j$ 代表切向应力，如图 2.1 所示。因为在不同的条件下，体积力和表面力有不同的表现形式，这里并没有特指，所以上述方程才被认为是原始形式的 N-S 方程。另外，对于方程左侧的变量，ρ 表示流体密度（水波问题采用不可压缩条件，密度为常数），矢量 $\boldsymbol{V} = (u\ v\ w)$ 表示水质点速度，u、v 和 w 分别为 x、y 和 z 方向的速度分量。

需要指出的是，上面分别给出了守恒形式和非守恒形式的控制方程，其中非守恒型方程以物质导数的形式表示，而守恒型方程则以散度的形式表示。流体力学中描述流体运动的方法可以分为欧拉法和拉格朗日法。前者以不随流体运动的固定空间作为研究观察对象，由欧拉法建立的流动方程是守恒型的；后者则跟随控制体或流体质点研究其随流体的运动，与之相对应的是非守恒型方程。守恒型和非守恒型在纯理论流体力学中，是没有什么差别的，但是在数值计算中却具有不同的特性。一个突出的差别就是处理激波问题，在水波领域，像波浪破碎、溃坝、水力跃迁（简称水跃）等问题都可以当成激波，而对于处理激波问题最常用的激波捕捉法，当采用守恒型方程时，计算所得的流场一般是光滑和稳定的，然而如果采用非守恒型方程，计算所得的流场通常在激波的上下游呈现出令人不满意的空间振荡。

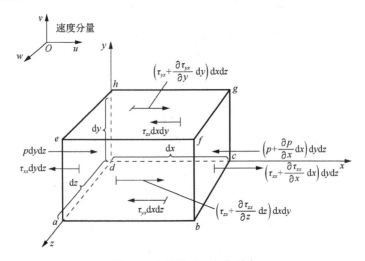

图 2.1　流体微元 x 方向受力

更为常见的 N-S 方程并非上述形式，而是使用本构方程对动量方程右侧的法向与切向应力进行处理之后的形式。牛顿提出，如果流体中的切应力正比于应变随时间的变化率（速度梯度），则称这种流体为牛顿流体（否则称为非牛顿流体）。对于水波问题，都可以假定为牛顿流体，按照 Stokes 于 1845 年提出的方法，可将应力与流体分子动力黏性系数 μ 和速度梯度建立下述关系：

$$\tau_{xx} = \lambda(\nabla \cdot V) + 2\mu\frac{\partial u}{\partial x} \tag{2.5a}$$

$$\tau_{yy} = \lambda(\nabla \cdot V) + 2\mu\frac{\partial v}{\partial y} \tag{2.5b}$$

$$\tau_{zz} = \lambda(\nabla \cdot V) + 2\mu\frac{\partial w}{\partial z} \tag{2.5c}$$

$$\tau_{xz} = \tau_{zx} = \mu\left(\frac{\partial u}{\partial z} + \frac{\partial w}{\partial x}\right) \tag{2.5d}$$

$$\tau_{yz} = \tau_{zy} = \mu\left(\frac{\partial w}{\partial y} + \frac{\partial v}{\partial z}\right) \tag{2.5e}$$

另外，考虑 Stokes 假设：

$$\lambda = -\frac{2}{3}\mu \tag{2.6}$$

代入本构关系和 Stokes 假设后，可以得到常用的 N-S 方程（以 x 方向动量方程的守恒形式为例）：

$$\frac{\partial(\rho u)}{\partial t} + \frac{\partial(\rho uu)}{\partial x} + \frac{\partial(\rho uv)}{\partial y} + \frac{\partial(\rho uw)}{\partial z}$$

$$= -\frac{\partial p}{\partial x} + \frac{\partial}{\partial x}\left(\lambda \boldsymbol{\nabla}\cdot\boldsymbol{V} + 2\mu\frac{\partial u}{\partial x}\right)\frac{\partial}{\partial y}\left[\mu\left(\frac{\partial v}{\partial x} + \frac{\partial u}{\partial y}\right)\right] + \frac{\partial}{\partial z}\left[\left(\frac{\partial u}{\partial z} + \frac{\partial w}{\partial x}\right)\right] + \rho f_x$$

$$= -\frac{\partial p}{\partial x} + \mu\left(\frac{\partial^2 u}{\partial x^2} + \frac{\partial^2 u}{\partial y^2} + \frac{\partial^2 u}{\partial z^2}\right) + \frac{1}{3}\frac{\partial}{\partial x}\left(\frac{\partial u}{\partial x} + \frac{\partial v}{\partial y} + \frac{\partial w}{\partial z}\right) + \rho f_x \tag{2.7}$$

在不可压缩条件下，上式中倒数第二项取零。在这里，我们没有给出 N-S 方程组的能量方程，在水波问题中，通常不考虑流场的温度，那么在不可压缩条件下，上述 N-S 方程共有 p、u、v、w 等 4 个未知数，恰好等于方程数，因此方程组是封闭的，虽然还没有找到通解。

N-S 方程是一组描述流体微团运动的精确方程，包括湍流，对 N-S 方程的直接求解（数值模拟）可以获得湍流流场的全部信息，但由于湍流的多尺度不规则运动，直接求解需要很高的空间分辨率和时间分辨率，为减少对计算资源的需求，对 N-S 方程做雷诺平均是一种应用广泛的方法。

为方便书写，下面先给出不可压缩条件下 N-S 方程的张量形式：

$$\frac{\partial u_i}{\partial x_i} = 0 \tag{2.8}$$

$$\frac{\partial u_i}{\partial t} + u_j\frac{\partial u_i}{\partial x_j} = -\frac{1}{\rho}\frac{\partial p}{\partial x_i} + \nu\frac{\partial^2 u_i}{\partial x_j\partial x_j} + f_i \tag{2.9}$$

式中，ν 为运动学黏性系数，$\nu = \dfrac{\mu}{\rho}$，具有运动学的量纲（m^2/s）。

为了实现雷诺平均，将流体微团速度、压强分解为雷诺平均量和脉动量之和：

$$u_i(x,t) = \langle u_i\rangle(x,t) + u_i'(x,t) \tag{2.10}$$

$$p(x,t) = \langle p\rangle(x,t) + p'(x,t) \tag{2.11}$$

对 N-S 方程［式（2.8）和式（2.9）］做雷诺平均，有

$$\left\langle\frac{\partial u_i}{\partial x_i}\right\rangle = 0 \tag{2.12}$$

$$\left\langle\frac{\partial u_i}{\partial t}\right\rangle + \left\langle u_j\frac{\partial u_i}{\partial x_j}\right\rangle = \left\langle -\frac{1}{\rho}\frac{\partial p}{\partial x_i}\right\rangle + \left\langle \nu\frac{\partial^2 u_i}{\partial x_j\partial x_j}\right\rangle + \langle f_i\rangle \tag{2.13}$$

按照求导和雷诺平均可交换原则，以及关系式：

$$\langle u_i u_j \rangle = \langle u_i \rangle \langle u_j \rangle + \langle u_i' u_j' \rangle \tag{2.14}$$

由式（2.12）和式（2.13）可整理得到

$$\frac{\partial \langle u_i \rangle}{\partial x_i} = 0 \tag{2.15}$$

$$\frac{\langle u_i \rangle}{\partial t} + \langle u_j \rangle \frac{\langle u_i \rangle}{\partial x_j} = -\frac{1}{\rho}\frac{\partial \langle p \rangle}{\partial x_i} + \nu \frac{\partial^2 \langle u_i \rangle}{\partial x_j \partial x_j} - \frac{\partial \langle u_i' u_j' \rangle}{\partial x_j} + \langle f_i \rangle \tag{2.16}$$

式（2.15）和式（2.16）即为雷诺平均的 N-S 方程，相比于 N-S 方程［式（2.8）和式（2.9）］，忽略角括号，最明显的区别是动量方程右侧多出了 $\langle u_i' u_j' \rangle$ 的相关项，这称为雷诺应力项，是脉动运动的平均动量输运。雷诺应力是一个三维对称张量，有 6 个未知分量，那么，雷诺方程中一共有 10 个未知量（包括 3 个平均速度和 1 个平均压强）。因此，雷诺方程是不封闭的，原因在于雷诺应力的不封闭。为了能求解雷诺方程，必须寻找能封闭雷诺应力项的方法，这就是所谓的雷诺平均湍流模式。

接下来将演示从 RANS 到非静压水波模型的变化。自从 20 世纪 20 年代普朗特（Prandtl）提出混合长度模式以来，已经有许多雷诺应力的封闭模式，它们可以分为两类，即代数方程形式和微分方程形式。其中微分方程形式又可以分成涡黏形式的微分方程模式和雷诺应力的微分方程模式。涡黏模式是将雷诺应力表示为类似牛顿流体的黏性应力形式，由于湍流的相关内容并不是本书的重点，为了简化过程，下面使用最简单的涡黏模式，即 1877 年 Boussinesq 提出的涡黏假设的基础形式（也称线性涡黏模式）：

$$-\langle u_i' u_j' \rangle = \mu_t \left(\frac{\langle u_i \rangle}{\partial x_j} + \frac{\partial \langle u_j \rangle}{\partial x_i} \right) \tag{2.17}$$

式中，μ_t 称为湍流附加黏性系数，现在习惯称为涡黏系数。与前面提到的分子黏性系数和运动学黏性系数不同，涡黏系数不是物性系数，而是和湍流运动状态有关的系数，可以通过混合长度或网格尺度等方法计算得到。

将式（2.17）代入式（2.16），整理可得（先以 x 方向为例）：

$$\frac{\partial \langle u \rangle}{\partial t} + \langle u \rangle \frac{\partial \langle u \rangle}{\partial x} + \langle v \rangle \frac{\partial \langle u \rangle}{\partial y} + \langle w \rangle \frac{\partial \langle u \rangle}{\partial z} = -\frac{1}{\rho}\frac{\partial \langle p \rangle}{\partial x_i} + \nu \left(\frac{\partial^2 \langle u \rangle}{\partial x^2} + \frac{\partial^2 \langle u \rangle}{\partial y^2} + \frac{\partial^2 \langle u \rangle}{\partial z^2} \right)$$

$$+ \nu_t \left(\frac{\partial^2 \langle u \rangle}{\partial x^2} + \frac{\partial^2 \langle u \rangle}{\partial y^2} + \frac{\partial^2 \langle u \rangle}{\partial z^2} \right) + \frac{\partial}{\partial x}\left(\frac{\partial u}{\partial x} + \frac{\partial v}{\partial y} + \frac{\partial w}{\partial z} \right) \tag{2.18}$$

张量形式为

$$\frac{\partial \langle u_i \rangle}{\partial t} + \langle u_j \rangle \frac{\langle u_i \rangle}{\partial x_j} = -\frac{1}{\rho}\frac{\partial \langle p \rangle}{\partial x_i} + (\nu + \nu_t)\frac{\partial^2 \langle u_i \rangle}{\partial x_j \partial x_j} + \langle f_i \rangle \tag{2.19}$$

按照 Boussinesq 的表述，上述基础形式的涡黏模式其实是基于二维湍流的雷诺应力与黏性应力作用相类似的假设，即局部的雷诺应力与平均速度梯度成正比，是基于对湍流脉动引起的动量交换与气体分子运动引起的黏性切应力进行简单类比的结果。对于流体的分子黏性系数 μ 一般在定温下可认为是常数，但涡黏性系数 ν_t 不是常量，因为湍流的动量交换取决于湍流的平均运动。流动只在一个方向上有明确的速度梯度时，可以认为 ν_t 是个标量。通过式（2.18），可以看到在涡黏模式下，雷诺应力项变成了与流体黏性项相同的形式，即耗散项，只是系数不同。

无论如何，由于 RANS 的形式与 N-S 很接近，涡黏模式下雷诺应力项也和黏性项具有相同的形式，因此，在查阅文献的时候，如果作者不加以说明，单从方程的形式上是难以分辨的，容易混淆。本书关注的是水波问题的非静压模型，同时为了书写方便，到此我们将略去符号"$\langle \cdot \rangle$"和上标"$'$"，使用涡黏模式封闭雷诺应力项，体积力仅考虑重力，则三维不可压缩条件下的 RANS 方程表示如下：

$$\frac{\partial u_i}{\partial x_i} = 0 \tag{2.20}$$

$$\frac{\partial u_i}{\partial t} + u_j \frac{\partial u_i}{\partial x_j} = -\frac{1}{\rho}\frac{\partial p}{\partial x_i} + (\nu + \nu_t)\frac{\partial^2 u_i}{\partial x_j \partial x_j} + g_i \tag{2.21}$$

式（2.20）和式（2.21）是封闭可解的方程组，但要用于水波问题，自然需要特定的边界条件才能构成水波问题的特解。首先给出水波的坐标系统，如图 2.2 所示。

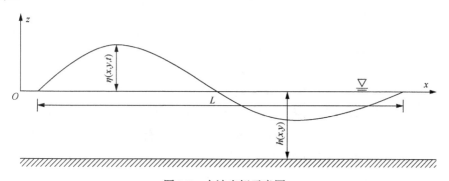

图 2.2　水波坐标示意图

图 2.2 是一个 x-z 二维平面的示意图，用于三维方程并不是很合适。$\eta(x,y,t)$ 表示水面升高，即水面（波面）与静水面之间的高度差，可为负值；$h(x,y)$ 表示静水深，且静水面处设 $z=0$；我们用 D 表示总水深，即 $D=\eta+h$。水波问题边界

条件最大的特殊性在于存在自由表面，其随空间和时间变化。

对于自由表面，下面介绍的处理方式其实已经将自由表面作为一个单值函数处理，在波面处，有 $z = \eta(x, y, t)$，由于自由表面上的水质点不能脱离表面，两边取物质导数：

$$\frac{\partial \eta}{\partial t} + u\frac{\partial \eta}{\partial x} + v\frac{\partial \eta}{\partial y} - w\big|_{z=\eta} = 0 \tag{2.22}$$

式（2.22）就是自由表面运动学边界条件。对于不随时间变化的水底，有 $z = -h(x, y)$，同样有

$$u\frac{\partial h}{\partial x} + v\frac{\partial h}{\partial y} + w\big|_{z=-h} = 0 \tag{2.23}$$

水面和水底边界条件是如何使用的呢？与固壁或者造波等边界条件不同，上述边界条件要与连续方程相结合，导出自由表面运动方程，将连续方程式（2.20）从水底到水面进行积分，需要用到莱布尼茨（Leibniz）积分法则：

$$0 = \int_{-h}^{\eta} \frac{\partial u_i}{\partial x_i}\mathrm{d}z = \int_{-h}^{\eta}\left(\frac{\partial u}{\partial x} + \frac{\partial v}{\partial y} + \frac{\partial w}{\partial z}\right)\mathrm{d}z = \int_{-h}^{\eta}\left(\frac{\partial u}{\partial x} + \frac{\partial v}{\partial y}\right)\mathrm{d}z + w\big|_{z=\eta} - w\big|_{z=-h}$$

$$= \frac{\partial}{\partial x}\int_{-h}^{\eta} u\mathrm{d}z + \frac{\partial}{\partial y}\int_{-h}^{\eta} v\mathrm{d}z - \left(u\big|_{z=\eta}\frac{\partial \eta}{\partial x} + u\big|_{z=-h}\frac{\partial h}{\partial x}\right) - \left(v\big|_{z=\eta}\frac{\partial \eta}{\partial y} + u\big|_{z=-h}\frac{\partial h}{\partial y}\right)$$

$$+ w\big|_{z=\eta} - w\big|_{z=-h} \tag{2.24}$$

显然，应该是在自由表面为单值函数时才有上述从水底到水面的积分。代入水面和水底条件，可得

$$\frac{\partial \eta}{\partial t} + \frac{\partial}{\partial x}\int_{-h}^{\eta} u\mathrm{d}z + \frac{\partial}{\partial y}\int_{-h}^{\eta} v\mathrm{d}z = 0 \tag{2.25}$$

至此，可以说非静压水波模型的控制方程已经建立完毕。还有几个问题需要特别说明。一个是所谓"非静压"，在前面的一系列推导过程中，我们并没有对方程中的压力 p 有特别说明，事实上，波浪的压力可以分为两部分，一个是水体重力产生的静压力，另一个是波面运动所产生的动压力：

$$p = \rho g(\eta - z) + q \tag{2.26}$$

式中，q 即为动压力。在传统海岸工程中，往往将动压力忽略，只考虑静压力；与之相应的，考虑动压力时，即称非静压。在静压条件下，再加上一些速度在垂向分布的简化，即可将三维控制方程组简化为二维进行计算，如非线性浅水方程。

还有一个需要说明的问题，对于式（2.25）如果定义沿水深积分的平均速度为

$$(\overline{u}, \overline{v}) = \frac{1}{D}\int_{-h}^{\eta} (u, v)\mathrm{d}z \tag{2.27}$$

可以导出沿水深积分平均的控制方程，如只剩下 x、y 两个维度的动量方程。但我们所得到的非静压模型是三维的，式（2.25）的计算是逐层积分的过程，因此

在一些文献的数值离散部分，可以看到方程左端的变量中出现一个与高度相关的变量，同时使得方程的形式看起来与非线性浅水方程或者 Boussinesq 方程比较相似，但那其实是每一层的厚度，并非总体水深。如果是对一些使用 sigma 坐标系统变换的模型，完成坐标系统转换后，连续方程和动量方程左端确实出现水深，与非线性浅水方程的守恒形式基本一致，但其仍是三维模型，并没有沿水深平均，计算仍是逐层积分。这部分内容与数值离散过程结合得较为紧密，应结合不同的计算方法展开论述。

2.3　主要的非静压水波模型

目前，非静压模型已经被广泛用于近岸波浪浅化、非线性、反射和折射（Ai et al.，2011；Ai and Jin，2012；Ai et al.，2019a；Bradford，2005；Casulli，1999；Lin and Li，2002；Ma et al.，2012；Stelling and Zijlema，2003；Young and Wu，2010a；Zijlema and Stelling，2005）、深水波群演化（Ai et al.，2014；Ma et al.，2020；Young et al.，2007，2010b）以及内波产生和传播（Ai and Ding，2016；Fringer et al.，2006；Kanarska and Maderich，2003；Lai et al.，2010）等现象的模拟；在模拟波浪与水下或浮体结构物（Ai et al.，2018，2019b；Kang et al.，2015；Ma et al.，2016；Ma et al.，2019）和多孔结构物（Ma et al.，2014a；邹国良，2013）的相互作用，波浪与周围环境如水流（Young and Wu，2010a；Young et al.，2007；Yuan and Wu，2004a；Zhang et al.，2019；Rijnsdorp et al.，2017）、泥沙（Ma et al.，2014b；Ma et al.，2015a）、冰（Herman，2017）的相互作用方面也有较为广泛的应用。

根据坐标系及数值离散方法的不同，非静压模型又形成了不同的数值模型（Ai et al.，2011；Ai et al.，2019b；Ma et al.，2012；Zijlema et al.，2011），其中 SWASH（Simulating WAves till SHore，模拟波浪到岸）模型（Zijlema et al.，2011）和 NHWAVE（non-hydrostatic wave，非静水波）模型（Ma et al.，2012）是两个开源的非静压模型。SWASH 是在 Stelling 和 Zijlema（2003）、Zijlema 和 Stelling（2005，2008）等工作的基础上建立的，用以模拟非静水压力具有自由表面和旋流的模型。SWASH 是一个开源代码，广泛用于模拟因防波堤、海啸等产生的近岸流中常见的急变流、波流相互作用、波浪破碎、海滩上的波浪爬坡，以及基于波浪非线性相互作用的波浪在破碎带、冲流带中的传播研究。SWASH 模型采用正交笛卡儿坐标系，通过有限差分格式进行空间离散，采用交错网格布置变量，将压力布置在网格中心，而速度定义在网格界面。NHWAVE 模型是由 Ma 等（2012）基于激波捕捉格式开发的三维非静压模型。NHWAVE 模型垂向采用 σ 坐标系，通过有限差分法与有限体积法结合的方式进行空间离散，采用交错网格布置变量，为应用戈杜诺夫型（Godunov-type）方法建立激波捕捉，将速度定义在网格中心，而将压力定义在网格界面以便更准确地施加自由表面压力；通量通过哈滕-拉克斯-范拉尔（Harten-Lax-van Leer，HLL）的黎曼近似格式求解，时间离散采用二阶龙格库塔（Runge-Kutta）法。两模型可以模拟近岸波浪变浅、破碎、爬坡和有限水深波浪传播等多种现象。

　　本书中的非静压水波模型 NHDUT［非静压水波（non-hydrostatic）和大连理工大学（Dalian University of Technology）缩写合并］由大连理工大学开发。NHDUT包括模拟波浪传播演化的结构化网格非静压水波模型（NHDUT-structured grid model，NHDUT-SGModel）、模拟波浪与结构物相互作用及内波产生和传播的浸入式边界法的非静压水波模型（NHDUT-immersed boundary model，NHDUT-IBModel），以及模拟波浪与复杂边界相互作用和内波问题的非结构化网格非静压水波模型（NHDUT-unstructured grid model，NHDUT-USGModel）。NHDUT 采用结构化网格或非结构化网格来离散水平计算域，在垂向基于广义边界适应的网格系统覆盖计算域。广义边界适应的垂向网格系统具有 σ 坐标系良好的自由表面和底边界适应的能力，同时可以减少由于突变地形或极端波面引起的压力离散误差。模型抛弃了传统的交错定义变量的方式，仅将变量在水平方向采用交错式的定义，即水平流速定义在边中心，水位和压力项定义在单元中心；而在垂向方向将流速变量（包括水平流速和垂向流速）定义在三维网格中心，压力项定义在分层网格面上，这样确保了模型是完全非静压的，而且最终求解的压力修正方程是对称正定的，可以采用预处理共轭梯度法有效求解，提高了非静压模型的求解效率。NHDUT、SWASH 和 NHWAVE 模型之间在数值格式等方面的对比如表 2.1 所示。

表 2.1　NHDUT、SWASH 和 NHWAVE 之间的对比

项目	NHDUT	SWASH	NHWAVE
控制方程	Navier-Stokes 三维水波方程	Navier-Stokes 三维水波方程	Navier-Stokes 三维水波方程
垂向坐标系统	广义边界适应网格系统	z 坐标系统	σ 坐标系统
水平网格	结构化网格或非结构化网格	结构化网格	结构化网格
网格变量分布	水平速度分量定义在三维网格面中心，垂向速度分量定义在三维网格体中心，压力定义在分层网格面上	速度分量定义在三维网格面中心，压力定义在分层网格面上	速度变量定义在三维网格体中心，压力定义在分层网格面上
离散方法	有限体积法、有限差分法	有限体积法、有限差分法	有限体积法、有限差分法
高精度格式	通量限制	MUSCL	二阶分段线性重构
动压力计算	动压、静压分裂	动压、静压分裂	动压、静压分裂
波浪破碎模拟	间断捕捉格式	间断捕捉格式	间断捕捉格式
泊松（Poisson）方程	系数矩阵对称	系数矩阵非对称	系数矩阵非对称
内波计算模块	有	无	有

2.4 水波模型基本数值方法的概述

非静压水波模型是一类用于计算水体表面波的数值模型，显然属于计算流体力学的范畴，其控制方程可以说只是针对不可压缩流体，是 N-S 方程加上自由表面边界条件后的一个限定情况，因此与计算流体力学领域中其他流体运动模型的关系可以说是一个主干上的不同分支。事实上海洋工程、近海工程和水利工程中的流体数值模型中应用的很多数值技术，都是计算流体力学中的经典方法，也借鉴了计算流体力学其他分支的研究成果，具有共性的同时也因为水下地形、水面风力、水底阻力等条件的差异而具有自身的特性。

与计算流体力学的一般方法一样，非静压水波模型同样需要将流体运动控制方程中的积分、微分项近似地表示为离散的代数形式，使得积分或微分形式的控制方程转化为代数方程组，然后通过电子计算机进行求解，从而得到流场在离散的时间和空间点上的数值解。要把方程中的积分或微分项用离散的代数形式代替，首先要把计算域离散化，在不同的离散方法中，计算域被近似为一系列网格点的集合，或者被划分为一系列控制体或者单元体。因变量定义在网格节点或者控制体的中心、顶点或某一表面形心等其他特征点上，从而流动运动方程中的积分或微分项被近似地表示为离散分布的因变量和自变量的代数函数，并由此得到作为微分或积分型控制方程近似的一组代数方程，这个过程称为控制方程的离散化，其中所采用的离散化方法称为数值方法或者数值格式。

2.4.1 有限差分法

有限差分法（finite difference method）是计算流体力学中最重要的数值方法之一，它理论上系统成熟，应用广泛、有效。有限差分法的定义是：对于一个偏微分方程，如果把方程中的所有偏导数近似地用代数差商代替，则可以用一组代数方程近似地替代这个偏微分方程，进而得到数值解。

计算机模拟浅水流动最早用的就是有限差分法，对水流运动微分方程中的导数项用差分式来逼近，从而在每一个计算时刻可得到一个差分方程组。如差分方程组解耦，即各方程可独立求解，称为显格式；反之，若需联立求解，则称为隐格式。有限差分法是以泰勒级数展开作为基础，随着泰勒展开式的不同，所获得的有限差分式可按逼近精度分为一阶、二阶精度，以至更高阶，也可按格式的性质分为迎风格式和中心格式两大类。以下述单波方程的初值问题为例：

$$\begin{cases} \dfrac{\partial u}{\partial t} + c\dfrac{\partial u}{\partial x} = 0 \\ u(0,x) = \phi(x) \end{cases} \tag{2.28}$$

将式（2.28）中的微商用 n 时刻和 j 点的差商表示如下。

$\dfrac{\partial u}{\partial t}$ 用前差表示为

$$\frac{\partial u}{\partial t} = \frac{u_i^{n+1} - u_i^n}{\Delta t} - \frac{\Delta t}{2!}\left(\frac{\partial^2 u}{\partial t^2}\right) + \cdots = \frac{u_i^{n+1} - u_i^n}{\Delta t} + O(\Delta t) \tag{2.29}$$

$\dfrac{\partial u}{\partial x}$ 用后差表示为

$$\frac{\partial u}{\partial x} = \frac{u_i^n - u_{i-1}^n}{\Delta x} - \frac{\Delta x}{2!}\left(\frac{\partial^2 u}{\partial x^2}\right) + \cdots = \frac{u_i^n - u_{i-1}^n}{\Delta x} + O(\Delta x) \tag{2.30}$$

原微分方程可以用差分方程表示为

$$\frac{u_i^{n+1} - u_i^n}{\Delta t} + c\frac{u_i^n - u_{i-1}^n}{\Delta x} = O(\Delta t, \Delta x) \tag{2.31}$$

近似的差分方程可令右侧项为零。

在上述式子中，Δt 表示 n 时刻到 $n+1$ 时刻时间步长；Δx 表示空间网格点 i 到 $i \pm 1$ 的空间步长。TE $= O(\Delta t, \Delta x)$ 称为差分方程截断误差，即微分方程与差分方程之间的插值，这里 TE 是 Δt、Δx 的一阶数量级。上述差分格式称为前向时间后向空间（forward time，back space，FTBS）格式，即时间导数向前差分，空间导数向后差分，这种格式是时间步长和空间步长的一阶精度格式。

控制方程离散化后构造的差分方程，会引入伪物理效应，即真实环境中不存在的物理现象，伪物理效应完全是由数值方法产生的。伪物理效应可以分为数值耗散和数值色散。数值耗散和数值色散都是由于截断误差的存在引起的，我们不加推导地给出修正方程。差分方程实际上是对修正方程的求解，而不是对偏微分方程的求解。

修正方程右侧的偶数阶导数项会产生与 N-S 方程中的耗散项类似的耗散效应，称为数值耗散，因为其作用类似于物理学上的黏性，但它是由纯数值原因产生的，没有物理意义，所以又称为"人工黏性"。在现代计算流体力学的许多计算格式中，都显式或隐式地含有人工黏性。数值耗散的存在会让数值解的精确性变差，但对于数值计算的稳定是非常重要的，同时恰当地处理数值耗散也是计算激波问题的关键所在。

数值色散是由奇数阶导数项所产生的，色散会导致不同相位的波在传播过程中发生变形失真现象，它常常呈现为波前或者波后的摆动，在间断解处出现伪物理振荡。

　　另外，对于水波问题，若要用有限差分法使差分方程正确反映水流的物理机制，如用中心格式来计算急流，只利用解的连续性，在物理上是不合适的。控制微分方程体现了质量守恒和动量守恒两大物理定律，而差分方程有时不能严格保持守恒的性质，数值解会出现水量、动量不平衡的守恒误差。

2.4.2　有限体积法

　　描述流体运动的微分方程是根据流体运动的质量、动量和能量守恒定律推导出来的，有限差分法是从描述这些基本守恒律的微分方程出发构造离散方程，而有限体积法是以积分型守恒方程为出发点，通过对流体运动的体积域的离散来构造积分型离散方程。

　　以二维对流扩散方程的守恒型为例：

$$\frac{\partial \phi}{\partial t} + \frac{\partial (u\phi)}{\partial x} + \frac{\partial (v\phi)}{\partial y} = 0 \Rightarrow \frac{\partial \phi}{\partial t} + \nabla \cdot \boldsymbol{F} = 0 \tag{2.32}$$

式中，ϕ 为对流扩散物质函数，如温度、浓度；$\boldsymbol{F} = (F_X \quad F_Y) = (u\phi \quad v\phi)$。上式的物理意义很简单，即表示物理量的时间变化率与空间迁移相平衡，特别是当我们在控制体上对其进行积分后：

$$\frac{\partial}{\partial t} \int_V \phi + \int_S \boldsymbol{F} \cdot \boldsymbol{n} \mathrm{d}S = 0 \tag{2.33}$$

式中，V 为控制体体积；S 为相应的控制体表面函数；$\boldsymbol{n}$ 为表面的单位法向量。应用高斯散度定理，上式中的面积分可以转化为体积分，并选定一矩形控制体 $\Delta x \cdot \Delta y$，将相应的物理量 ϕ 定义在控制体的中心，在控制体上对方程进行积分：

$$\frac{\partial \phi}{\partial t} \Delta x \Delta y + F_{X_{i+1/2,j}} \Delta y - F_{X_{i-1/2,j}} \Delta y + F_{Y_{i,j+1/2}} \Delta x - F_{Y_{i,j-1/2}} \Delta x = 0 \tag{2.34}$$

　　上式表示经过控制体上的体积分后，方程的空间导数被转化为使用相应网格界面上的物理量来进行计算，而不是定义于网格中心的物理量。上述积分过程允许物理量在网格内的非均匀分布甚至间断的存在。如果再对时间进行积分，则可进一步得到下列表达式：

$$\frac{\phi_{i,j}^{n+1} - \phi_{i,j}^n}{\Delta t} + \frac{F_{X_{i+1/2,j}} - F_{X_{i-1/2,j}}}{\Delta x} + \frac{F_{Y_{i,j+1/2}} - F_{Y_{i,j-1/2}}}{\Delta y} = 0 \tag{2.35}$$

　　式（2.35）即为有限体积法下微分方程的代数计算式。可以看出，经过体积分和时间积分后式（2.35）与有限差分法的差分表达式高度类似，主要区别是物理量不再是定义在网格节点上的物理量，而是转化为网格界面上与物理量相关的函数变量。在有限体积法中，函数 $\boldsymbol{F}$ 称为通量，它由定义在网格节点处的物理量，如速度等进行构造，并存在多种构造方式，这一过程称为界面状态变量重构，是有限体积法中的关键技术。因为通量定义在网格界面上，被相邻的两个网格共享，这表示任意相邻两个网格之间的通量是守恒的，所以在有限体积法的框架下，计算域内的守恒律是处处自动满足。

通量定义在有限体积法和有限差分法之间是密切相关的，事实上，在矩形网格上，二者可以做到完全等价，因此，很多有限差分法的格式［如 Lax-Wendroff（拉克斯-温德罗夫）、QUICK 和 QUICKEST 等］，都可以应用于有限体积法。一般来说，有限差分法和有限体积法有如下不同之处。

（1）有限体积法中对几何量（度量系数）和物理量的计算是独立的；而有限差分法要对几何度量（度量系数）和物理量的确定组合进行差分运算，因此采用不同的差分格式，几何量对计算结果的影响是不同的。

（2）用有限差分法计算得到的是网格点上的物理量，而用有限体积法得到的是单元的平均值。

（3）当网格尺度有限时，有限体积法可以比有限差分法更好地保证对质量、动量和能量三大守恒定律的满足。

（4）有限体积法在具有复杂边界的区域上更容易实施。

（5）对于多维问题，高阶精度（高于二阶）有限体积法的构造和实施比较困难；有限差分法只需构造偏导数的离散方法，这使得它比较容易推广到高阶精度。

2.4.3　有限元法

有限元法是一种区域性的离散方法。它的特点是对求解域形状没有限制，边界条件易于处理，适合于具有复杂边界流动域的数值模拟。早期该方法是求解椭圆型方程的有效方法，近年来在流体力学中已经逐步得到广泛应用。有限元法的基本思想是以一个近似解逼近所求微分方程的准确解，采用分段（块）逼近的方法。有限元法可适用于复杂计算区域，便于边界条件处理。下面以二维 Poisson 方程的混合边值问题为例，简要描述建立有限元方程的基本逻辑和步骤。

将计算域 D 划分为互不重叠的 N 个子域，D_i 称为有限单元，单元的形状可以任意，一维问题单元是一系列的线段；二维问题单元可以是三角形或四边形的平面区域；三维问题可为四面体或六面体。单元之间的连接点称为单元节点。单元大小可以不相同，但除边界点外不能重合，并且所有单元的并集要包括整个计算域，即表示为

$$D = \bigcup_{i=1}^{N} D_i \qquad (2.36)$$

计算区域每一个单元内任何一点的函数值 u，可以通过插值公式用节点上的函数值来表示，称为分块插值方法。例如，对于任一个三角形 D_i，3 个顶点对应的节点为 1、2、3，其函数值为 u_1、u_2、u_3，其系数可由节点上的函数值 u_1、u_2、u_3 来确定，相当于节点上的函数值是相应单元内一组基函数，即在每个小单元上

将任意点 (x, y) 的函数值用单元顶点函数表示：

$$u(x, y) = \sum_{k=1}^{n} N_k(x, y) u_k \qquad (2.37)$$

当单元为三角形时， $n = 3$ 。其中 N_k 称为形函数或者插值函数，可以是线性的、高阶的，可以采用加权余量方法来确定，其方法又可以分为配置法、伽辽金法和最小二乘法等。

有限元法的特点是：单元可以任意划分，适应于复杂边界条件。重要部位单元可划分得小一些，以提高分辨率。单元间的相互影响只限于邻近单元，最后得到的线性方程组的系数矩阵往往是稀疏矩阵，计算工作量较小。

2.4.4 计算网格简介

计算网格的生成实际是对计算域的离散化，是流体流动数值模拟中非常重要的一步。计算网格按照网格点之间的邻接关系可分为结构化网格、非结构化网格和混合网格 3 类。结构化网格的网格点之间的邻接是有序而规则的，除了边界点外，内部网格点都有相同的邻接网格数（一维是 2 个，二维是 4 个，三维是 6 个）。非结构化网格点之间的邻接是无序的、不规则的，每个网格点可以有不同的邻接网格数。混合网格是对结构化网格和非结构化网格的混合。

结构化网格的数据按照顺序储存，而且可以根据数组的下标（ i 、 j 、 k ）方便地索引和查找，其单元是二维的四边形和三维的六面体，在拓扑奇点处可退化为二维三角形和三维四面体。非结构化网格则没有自动隐含这种方便的索引结构，其每个单元都是一个相对独立的个体，需要人工生成相应的数据结构以便对网格数据进行索引和查找，单元有二维的三角形、四边形，三维的四面体、六面体、三棱柱和金字塔等多种形状。

结构化网格可以方便地索引，可以减少相应的储存开销，而且由于网格具有贴体性，流场的计算精度可以大大提高。当求解的问题比较简单时，可以采用单域贴体结构化网格进行计算。结构化网格可以使用代数生成法、椭圆型微分方程法和双曲型微分方程生成法等方法生成。这类贴体网格生成方法能够较为准确地满足边界条件，求解效率也很高。但随着研究问题复杂程度的提高，生成单连通域贴体结构化网格变得越来越困难。因此，一般采用分区、重叠网格等技术解决。

非结构化网格由于与有限体积法的结合，得到了快速发展。非结构化网格的基本思想是：三角形和四面体分别是二维和三维空间中最简单的形状，任意区域均可以被其充满。非结构化网格生成技术主要有 3 种基本方法：阵面推进方法、德劳内（Delauney）方法和四/八叉树法等。非结构化网格在工程应用中有着自己的优势，它能够非常方便地生成复杂外形的网格，能够通过流场中大梯度区域自适应来提高对间断（如激波等）的分辨率，而且由于它是随机的数据结构，使得基于非结构化网格的网格分区和并行计算比结构化网格更加直接；但在同等网格数量的情况下，内存空间的分配和 CPU 时间的开销比在结构化网格上的开销要大，另外，对于黏流计算而言，采用完全非结构化网格将导致边界层附近的流动分辨率不高。

第3章　基于结构化网格的非静压水波模型

3.1　概　　述

目前，基于结构化网格的非静压水波模型已经被广泛用于近岸波浪浅化、非线性、反射和折射等现象的模拟（Ai et al.，2011；Ai et al.，2019a；Ai and Jin，2012；Bradford，2005；Casulli，1999；Lin and Li，2002；Ma et al.，2012；Stelling and Zijlema，2003；Young and Wu，2010a；Zijlema and Stelling，2005）。深水条件下非线性波群的演化模拟中，非静压模型也有很好的应用（Ai et al.，2014；Ma et al.，2020；Young and Wu，2010b；Young et al.，2007）。开发高精度非静压模型的一个关键问题就是如何准确施加零压力自由表面边界条件。Casulli（1999）引入了表层静压分布假设来代替零压力自由表面边界条件建立了非静压模型。所建立的非静压模型需要采用较多的垂向分层才能较为准确地模拟色散性、非线性并非很强的波浪运动。Stelling 和 Zijlema（2003）引入了 Keller-box 格式来近似垂向力梯度项，同时将非静压项定义在分层网格的界面上从而实现了零压力自由表面边界条件的精确施加。Stelling 和 Zijlema（2003）建立的非静压模型在垂向只需分 2 层即可实现浅水波浪运动的准确模拟。为了克服表层静压分布假设带来的问题，Yuan 和 Wu（2004a）引入了表层积分的方法以准确施加零压力自由表面边界条件。Yuan 和 Wu（2004a）的模型是基于标准的交错网格建立的，通过在表层积分垂向动量方程保证了零压力自由表面边界条件的准确施加。该模型也只需几个垂向分层即可准确地模拟浅水波浪运动。本章介绍的基于结构化网格建立的非静压水波模型（NHDUT-SGModel）主要应用于近岸波浪传播演化以及深水波群演化的模拟。该模型在水平方向采用结构化网格覆盖计算域，垂向采用分层式的网格离散计算域。垂向分层网格系统具有自由表面和底面良好的适应性。模型抛弃了传统的交错定义变量的方式，仅将变量在水平方向采用交错式定义，即水平流速定义在边中心，水位和压力项定义在单元中心；而在垂向将流速变量（包括水平流速和垂向流速）定义在三维网格中心，非静压项定义在分层网格界面上。这样不但确保了零压力自由表面边界条件的精确施加，而且最终求解的压力Poisson 方程是对称正定的，可以采用预处理共轭梯度法有效求解，提高了非静压模型的求解效率。

3.2　数值离散方法

本节从控制方程、边界条件、数值离散等方面对结构化网格非静压水波模型 NHDUT-SGModel 进行简要介绍。关于该模型的诸多细节可参见相关文献（Ai et al.，2011；Ai et al.，2014；Ai et al.，2019a；Ai and Jin，2012）。

3.2.1　控制方程

模型的控制方程为三维不可压缩的欧拉（Euler）方程，即不考虑黏性项的 N-S 方程。把总压力 P 分解为静压力和非静压力，即 $P = \rho g(\eta - z) + \rho q$，则 Euler 方程可表达为

$$\frac{\partial u}{\partial x} + \frac{\partial v}{\partial y} + \frac{\partial w}{\partial z} = 0 \tag{3.1}$$

$$\frac{\partial u}{\partial t} + \frac{\partial u^2}{\partial x} + \frac{\partial uv}{\partial y} + \frac{\partial uw}{\partial z} = -g\frac{\partial \eta}{\partial x} - \frac{\partial q}{\partial x} \tag{3.2}$$

$$\frac{\partial v}{\partial t} + \frac{\partial uv}{\partial x} + \frac{\partial v^2}{\partial y} + \frac{\partial vw}{\partial z} = -g\frac{\partial \eta}{\partial y} - \frac{\partial q}{\partial y} \tag{3.3}$$

$$\frac{\partial w}{\partial t} + \frac{\partial uw}{\partial x} + \frac{\partial vw}{\partial y} + \frac{\partial w^2}{\partial z} = -\frac{\partial q}{\partial z} \tag{3.4}$$

式中，$u(x,y,z,t)$、$v(x,y,z,t)$、$w(x,y,z,t)$ 分别表示 x、y、z 三个方向上的速度分量；t 为时间；q 为非静压力；ρ 为水体密度；g 为重力加速度；$\eta(x,y,t)$ 为波面升高值。

3.2.2　边界条件

为获得控制方程的唯一解，三维计算域的所有边界均需指定边界条件。自由表面 $\eta(x,y,t)$ 上的运动学边界条件为

$$\frac{\partial \eta}{\partial t} + u\frac{\partial \eta}{\partial x} + v\frac{\partial \eta}{\partial y} = w\Big|_{z=\eta} \tag{3.5}$$

不透水海底 $z = -h(x,y)$ 的运动学边界条件为

$$-u\frac{\partial h}{\partial x} - v\frac{\partial h}{\partial y} = w\Big|_{z=-h} \tag{3.6}$$

将连续方程（3.1）沿垂向水体方向积分，并考虑到运动学边界条件式（3.5）和式（3.6），可得如下自由表面运动控制方程：

$$\frac{\partial \eta}{\partial t} + \frac{\partial}{\partial x}\int_{-h}^{\eta} u\,\mathrm{d}z + \frac{\partial}{\partial y}\int_{-h}^{\eta} v\,\mathrm{d}z = 0 \tag{3.7}$$

另外，自由表面上的零压力边界条件为

$$q\big|_{z=\eta} = 0 \tag{3.8}$$

波浪入射边界处的法向速度由线性波浪理论给定，切向速度指定为零。在出口边界，同时采用索末菲（Sommerfeld）辐射条件和数值海绵层以减少波浪反射的影响。对固壁边界，法向速度指定为零，切向速度的法向梯度为零。

3.2.3　数值离散

本模型的网格系统为水平方向的笛卡儿坐标系统以及垂向的贴体坐标系统，如图 3.1 所示。N_x、N_y 和 N_z 分别表示 x、y 和 z 方向上的网格数量。网格单元 (i,j,k) 表示以 $x_{i\pm1/2}$、$y_{i\pm1/2}$ 和 $z_{i\pm1/2}$ 为边界的三维网格体，变量的布置如图 3.2 所示，其中，水平速度 u 和 v 定义在网格体的面心，垂直速度 w 定义在网格体的中心。为了准确地在自由表面施加零压力边界条件 [式（3.8）]，非静压项 q 定义在分层网格的界面。

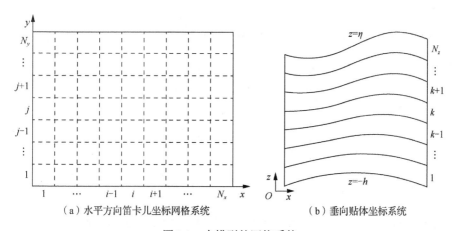

（a）水平方向笛卡儿坐标网格系统　　　　　　　（b）垂向贴体坐标系统

图 3.1　本模型的网络系统

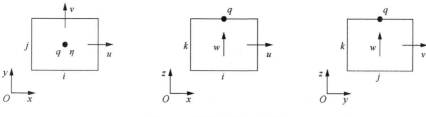

图 3.2　变量的布置示意图

控制方程的离散、数值求解过程介绍如下。

首先，对式（3.1）～式（3.4）在以 $z_{i\pm1/2}$ 为上下边界的垂向第 k 层上进行积分，得到半离散化的控制方程。对连续方程（3.1）的积分过程如下：

$$\int_{z_{k-1/2}}^{z_{k+1/2}} \left[\frac{\partial u}{\partial x} + \frac{\partial v}{\partial y} + \frac{\partial w}{\partial z} \right] dz = 0 \tag{3.9}$$

利用莱布尼茨法则，同时引入：

$$\omega_{k+1/2} = w_{z_{k+1/2}} - u_{z_{k+1/2}} \frac{\partial z_{k+1/2}}{\partial x} - v_{z_{k+1/2}} \frac{\partial z_{k+1/2}}{\partial y} - \frac{\partial z_{k+1/2}}{\partial t} \tag{3.10}$$

$$u_k = \frac{1}{h_k} \int_{z_{k-1/2}}^{z_{k+1/2}} u\, dz \,, \qquad v_k = \frac{1}{h_k} \int_{z_{k-1/2}}^{z_{k+1/2}} v\, dz \tag{3.11}$$

方程（3.9）可写为

$$\frac{\partial h_k}{\partial t} + \frac{\partial (h_k u_k)}{\partial x} + \frac{\partial (h_k v_k)}{\partial y} + \omega_{k+1/2} - \omega_{k-1/2} = 0 \tag{3.12}$$

式中，$\omega_{k+1/2}$ 表示相对于 $z_{k+1/2}$ 处的垂向网格速度；$h_k = z_{k+1/2} - z_{k-1/2}$。

对动量方程（3.2）同样沿垂向第 k 层进行积分：

$$\int_{z_{k-1/2}}^{z_{k+1/2}} \left[\frac{\partial u}{\partial t} + \frac{\partial u^2}{\partial x} + \frac{\partial uv}{\partial y} + \frac{\partial uw}{\partial z} + g\frac{\partial \eta}{\partial x} + \frac{\partial q}{\partial x} \right] dz = 0 \tag{3.13}$$

同样，利用莱布尼茨法则，并且引入式（3.10）和式（3.11），同时考虑到下式：

$$\int_{z_{k-1/2}}^{z_{k+1/2}} \frac{\partial q}{\partial x} dz = h_k \frac{\partial q}{\partial x} \,, \qquad \int_{z_{k-1/2}}^{z_{k+1/2}} \frac{\partial q}{\partial y} dz = h_k \frac{\partial q}{\partial y} \tag{3.14}$$

方程（3.13）可写为

$$\frac{\partial (h_k u_k)}{\partial t} + \frac{\partial (h_k u_k u_k)}{\partial x} + \frac{\partial (h_k u_k v_k)}{\partial y}$$

$$+ u_{k+1/2}\omega_{k+1/2} - u_{k-1/2}\omega_{k-1/2} + gh_k \frac{\partial \eta}{\partial x} + h_k \frac{\partial q}{\partial x} = 0 \tag{3.15}$$

动量方程式（3.13）和式（3.14）的积分过程类似，其结果分别为

$$\frac{\partial (h_k v_k)}{\partial t} + \frac{\partial (h_k u_k v_k)}{\partial x} + \frac{\partial (h_k v_k v_k)}{\partial y}$$

$$+ v_{k+1/2}\omega_{k+1/2} - v_{k-1/2}\omega_{k-1/2} + gh_k \frac{\partial \eta}{\partial y} + h_k \frac{\partial q}{\partial y} = 0 \tag{3.16}$$

$$\frac{\partial (h_k w_k)}{\partial t} + \frac{\partial (h_k u_k w_k)}{\partial x} + \frac{\partial (h_k v_k w_k)}{\partial y}$$

$$+ w_{k+1/2}\omega_{k+1/2} - w_{k-1/2}\omega_{k-1/2} + q_{k+1/2} - q_{k-1/2} = 0 \tag{3.17}$$

另外，由方程（3.10）可得

$$\omega_{1/2} = \omega_{N_z+1/2} = 0 \tag{3.18}$$

其次，求解带有上个时间步的非静压项 q^n 的动量方程，得到中间速度场 $u_{i+1/2,j,k}^{n+1/2}$、$v_{i+1/2,j,k}^{n+1/2}$、$w_{i+1/2,j,k}^{n+1/2}$。这是压力校正法中的第一步，具体过程如下。

在以 $(i+1/2,j,k)$ 为体积中心的控制体中，式（3.15）可表示为

$$\frac{\partial(hu_{i+1/2,j,k})}{\partial t} + \frac{\partial(huu_{i+1/2,j,k})}{\partial x} + \frac{\partial(huv_{i+1/2,j,k})}{\partial y}$$

$$+ u_{i+1/2,j,k+1/2}\omega_{i+1/2,j,k+1/2} - u_{i+1/2,j,k-1/2}\omega_{i+1/2,j,k-1/2}$$

$$+ gh_{i+1/2,j,k}\left(\frac{\partial\eta}{\partial x}\right)_{i+1/2,j} + h_{i+1/2,j,k}\left(\frac{\partial q}{\partial x}\right)_{i+1/2,j,k} = 0 \tag{3.19}$$

将式（3.12）乘以 $u_{i+1/2,j,k}$，然后从式（3.19）中减去，可得

$$h_{i+1/2,j,k}\frac{\partial u_{i+1/2,j,k}}{\partial t} + \frac{\partial(huu_{i+1/2,j,k})}{\partial x} + \frac{\partial(huv_{i+1/2,j,k})}{\partial y}$$

$$- u_{i+1/2,j,k}\left[\frac{\partial(hu_{i+1/2,j,k})}{\partial x} + \frac{\partial(hv_{i+1/2,j,k})}{\partial y}\right]$$

$$+ \omega_{i+1/2,j,k+1/2}(u_{i+1/2,j,k+1/2} - u_{i+1/2,j,k})$$

$$- \omega_{i+1/2,j,k-1/2}(u_{i+1/2,j,k-1/2} - u_{i+1/2,j,k}) + gh_{i+1/2,j,k}\left(\frac{\partial\eta}{\partial x}\right)_{i+1/2,j}$$

$$+ h_{i+1/2,j,k}\left(\frac{\partial q}{\partial x}\right)_{i+1/2,j,k} = 0 \tag{3.20}$$

对上式采用有限体积法离散后得到

$$h_{i+1/2,j,k}^n \Delta x \Delta y(u_{i+1/2,j,k}^{n+1/2} - u_{i+1/2,j,k}^n)/\Delta t$$

$$+ \Delta y\left[(hu)_{i+1,j,k}^n(\overline{u}_{i+1,j,k}^n - u_{i+1/2,j,k}^n) - (hu)_{i,j,k}^n(\overline{u}_{i,j,k}^n - u_{i+1/2,j,k}^n)\right]$$

$$+ \Delta x(hv)_{i+1/2,j+1/2,k}^n(\overline{u}_{i+1/2,j+1/2,k}^n - u_{i+1/2,j,k}^n) - \Delta x(hv)_{i+1/2,j-1/2,k}^n(\overline{u}_{i+1/2,j-1/2,k}^n - u_{i+1/2,j,k}^n)$$

$$+ \Delta x \Delta y \omega_{i+1/2,j,k+1/2}^n(\overline{u}_{i+1/2,j,k+1/2}^n - u_{i+1/2,j,k}^n) - \Delta x \Delta y \omega_{i+1/2,j,k-1/2}^n(\overline{u}_{i+1/2,j,k-1/2}^n - u_{i+1/2,j,k}^n)$$

$$+ gh_{i+1/2,j,k}^n \Delta y(\eta_{i+1,j}^n - \eta_{i,j}^n) + h_{i+1/2,j,k}^n \Delta y\left[(q_{i+1,j,k+1/2}^n + q_{i+1,j,k-1/2}^n)\right.$$

$$\left. -(q_{i,j,k+1/2}^n + q_{i,j,k-1/2}^n)\right]/2 = 0 \tag{3.21}$$

式中，$u_{i+1/2,j,k}^{n+1/2}$ 为中间速度（预报速度）；网格中心的通量 $(hu)_{i,j,k}$ 取网格左右两侧通量的平均值，其他通量类似；非定义在网格面心的速度 $\overline{u}$ 由 $u_{i+1/2,j,k}^n$ 插值得到，此

处采用一阶迎风格式和二阶中心差分格式的组合，即

$$\bar{u}_{i,j,k}^n = \frac{u_{i-1/2,j,k}^n + u_{i+1/2,j,k}^n}{2} - \alpha \cdot \mathrm{sgn}((hu)_{i,j,k}^n)\frac{u_{i+1/2,j,k}^n - u_{i-1/2,j,k}^n}{2} \qquad (3.22)$$

式中，sgn 为符号函数；α 为权重系数，取值范围是 $0\sim1$，可通过调整该参数来改变迎风格式和中心差分格式所占的比重。

式（3.31）可进一步化简为

$$u_{i+1/2,j,k}^{n+1/2} = \mathrm{Adec}(u) + f_{u1}\eta_{i+1,j}^n + f_{u2}\eta_{i,j}^n + f_{u3}q_{i+1,j,k+1/2}^n$$
$$+ f_{u4}q_{i+1,j,k-1/2}^n + f_{u5}q_{i,j,k+1/2}^n + f_{u6}q_{i,j,k-1/2}^n \qquad (3.23)$$

式中，$f_{u1} = -g\dfrac{\Delta t}{\Delta x}$；$f_{u2} = -f_{u1}$；$f_{u3} = f_{u4} = -\dfrac{\Delta t}{2\Delta x}$；$f_{u5} = -f_{u6} = -f_{u3}$；$\mathrm{Adec}(u)$ 为对流项，可表示为

$$\mathrm{Adec}(u) = f_{a1}u_{i+1/2,j,k}^n + f_{a2}u_{i+3/2,j,k}^n + f_{a3}u_{i-1/2,j,k}^n + f_{a4}u_{i+1/2,j+1,k}^n$$
$$+ f_{a5}u_{i+1/2,j-1,k}^n + f_{a6}u_{i+1/2,j,k+1}^n + f_{a7}u_{i+1/2,j,k-1}^n \qquad (3.24)$$

同理，式（3.16）和式（3.17）可分别离散为

$$v_{i,j+1/2,k}^{n+1/2} = \mathrm{Adec}(v) + f_{v1}\eta_{i,j+1}^n + f_{v2}\eta_{i,j}^n + f_{v3}q_{i,j+1,k+1/2}^n$$
$$+ f_{v4}q_{i,j+1,k-1/2}^n + f_{v5}q_{i,j,k+1/2}^n + f_{v6}q_{i,j,k-1/2}^n \qquad (3.25)$$

和

$$w_{i,j,k}^{n+1/2} = \mathrm{Adec}(w) + f_{w1}q_{i,j,k+1/2}^n + f_{w2}q_{i,j,k-1/2}^n \qquad (3.26)$$

式中，系数 f_a、f_u、f_v、f_w 以及耗散项 $\mathrm{Adec}(u)$、$\mathrm{Adec}(v)$ 和 $\mathrm{Adec}(w)$ 均可由上个时间步的已知变量求得。

再次，通过求解带有下个时间步的非静压项 q^{n+1} 的动量方程，校正中间速度场 $u_{i+1/2,j,k}^{n+1/2}$、$v_{i,j+1/2,k}^{n+1/2}$、$w_{i,j,k}^{n+1/2}$，得到新时刻速度场 $u_{i+1/2,j,k}^{n+1}$、$v_{i,j+1/2,k}^{n+1}$、$w_{i,j,k}^{n+1}$。这是压力校正法中的第二步，即

$$u_{i+1/2,j,k}^{n+1} = \mathrm{Adec}(u) + f_{u1}\eta_{i+1,j}^n + f_{u2}\eta_{i,j}^n + f_{u3}q_{i+1,j,k+1/2}^{n+1}$$
$$+ f_{u4}q_{i+1,j,k-1/2}^{n+1} + f_{u5}q_{i,j,k+1/2}^{n+1} + f_{u6}q_{i,j,k-1/2}^{n+1} \qquad (3.27)$$

$$v_{i,j+1/2,k}^{n+1} = \mathrm{Adec}(v) + f_{v1}\eta_{i,j+1}^n + f_{v2}\eta_{i,j}^n + f_{v3}q_{i,j+1,k+1/2}^{n+1}$$
$$+ f_{v4}q_{i,j+1,k-1/2}^{n+1} + f_{v5}q_{i,j,k+1/2}^{n+1} + f_{v6}q_{i,j,k-1/2}^{n+1} \qquad (3.28)$$

$$w_{i,j,k}^{n+1} = \mathrm{Adec}(w) + f_{w1}q_{i,j,k+1/2}^{n+1} + f_{w2}q_{i,j,k-1/2}^{n+1} \qquad (3.29)$$

用式（3.27）、式（3.28）和式（3.29）分别减去式（3.23）、式（3.25）和式（3.26），可得

$$u_{i+1/2,j,k}^{n+1} = u_{i+1/2,j,k}^{n+1/2} + f_{u3}\Delta q_{i+1,j,k+1/2} + f_{u4}\Delta q_{i+1,j,k-1/2} + f_{u5}\Delta q_{i,j,k+1/2} + f_{u6}\Delta q_{i,j,k-1/2} \quad (3.30)$$

$$v_{i,j+1/2,k}^{n+1} = v_{i,j+1/2,k}^{n+1/2} + f_{v3}\Delta q_{i,j+1,k+1/2} + f_{v4}\Delta q_{i,j+1,k-1/2}$$
$$+ f_{v5}\Delta q_{i,j,k+1/2} + f_{v6}\Delta q_{i,j,k-1/2} \quad (3.31)$$

$$w_{i,j,k}^{n+1} = w_{i,j,k}^{n+1/2} + f_{w1}\Delta q_{i,j,k+1/2} + f_{w2}\Delta q_{i,j,k-1/2} \quad (3.32)$$

式中，$\Delta q = q^{n+1} - q^n$。

对连续方程（3.1）采用有限差分法数值离散可得

$$\frac{(u_{i+1/2,j,k}^{n+1} + u_{i+1/2,j,k-1}^{n+1}) - (u_{i-1/2,j,k}^{n+1} + u_{i-1/2,j,k-1}^{n+1})}{2\Delta x}$$

$$+ \frac{(v_{i,j+1/2,k}^{n+1} + v_{i,j+1/2,k-1}^{n+1}) - (v_{i,j-1/2,k}^{n+1} + v_{i,j-1/2,k-1}^{n+1})}{2\Delta y} + \frac{w_{i,j,k}^{n+1} - w_{i,j,k-1}^{n+1}}{h_{i,j,k-1/2}} = 0 \quad (3.33)$$

式中，$k = 2,3,\cdots,N_z$；$h_{i,j,k-1/2} = (h_{i,j,k-1}^n + h_{i,j,k}^n)/2$。

当 $k = 1$ 时，$w_{i,j,1/2}^{n+1} = 0$，连续方程（3.1）可被离散为

$$\frac{u_{i+1/2,j,1}^{n+1} - u_{i-1/2,j,1}^{n+1}}{\Delta x} + \frac{v_{i,j+1/2,1}^{n+1} - v_{i,j-1/2,1}^{n+1}}{\Delta y} + \frac{w_{i,j,1}^{n+1}}{h_{i,j,1/2}} = 0 \quad (3.34)$$

式中，$h_{i,j,1/2} = h_{i,j,1/2}^n$。

将式（3.30）～式（3.32）代入式（3.33）和式（3.34），可得如下关于压力校正项 Δq 的泊松方程：

$$A\Delta q = B \quad (3.35)$$

式中，Δq 为待求的压力校正项向量；B 为已知的有关中间速度场的向量；由于使用垂向贴体坐标系统，A 为维度为 $(N_x N_y N_z) \times (N_x N_y N_z)$ 的稀疏系数矩阵。方程（3.33）对应的系数矩阵包含 15 个非零系数，方程（3.34）对应的系数矩阵包含 10 个非零系数，而且矩阵 A 是对称的。故方程（3.35）可通过预处理共轭梯度法高效求解。

当求得压力校正项 Δq 之后，下一时间步的速度场可由式（3.30）～式（3.32）计算得到。

最后，采用有限体积法对自由表面运动方程（3.7）进行离散以计算新时刻自由表面的位置，即

$$\frac{\eta_{i,j}^{n+1} - \eta_{i,j}^n}{\Delta t} + \frac{1}{\Delta x}\left(\sum_{k=1}^{N_z} h_{i+1/2,j,k}^n u_{i+1/2,j,k}^{n+1} - \sum_{k=1}^{N_z} h_{i-1/2,j,k}^n u_{i-1/2,j,k}^{n+1} \right)$$

$$+ \frac{1}{\Delta y}\left(\sum_{k=1}^{N_z} h_{i,j+1/2,k}^n v_{i,j+1/2,k}^{n+1} - \sum_{k=1}^{N_z} h_{i,j-1/2,k}^n v_{i,j-1/2,k}^{n+1} \right) = 0 \quad (3.36)$$

另外，相对于 $z_{k+1/2}$ 的垂向速度 $\omega_{k+1/2}$ 可由方程（3.12）的离散形式计算得到，即

$$\frac{h_{i,j,k}^{n+1} - h_{i,j,k}^{n}}{\Delta t} + \frac{1}{\Delta x}(h_{i+1/2,j,k}^{n}u_{i+1/2,j,k}^{n+1} - h_{i-1/2,j,k}^{n}u_{i-1/2,j,k}^{n+1})$$

$$+ \frac{1}{\Delta y}(h_{i,j+1/2,k}^{n}v_{i,j+1/2,k}^{n+1} - h_{i,j-1/2,k}^{n}v_{i,j-1/2,k}^{n+1})$$

$$+ \omega_{i,j,k+1/2}^{n+1} - \omega_{i,j,k-1/2}^{n+1} = 0, \quad k = 1, 2, \cdots, N_z - 1 \quad （3.37）$$

式中，$h_{i,j,k}^{n+1} = (\eta_{i,j}^{n+1} + d_{i,j}) / N_z$。由 $\omega_{1/2} = 0$，所有的速度 $\omega_{k+1/2}(k = 1, 2, \cdots)$ 均可由上式得到。

3.3 近岸波浪数值模拟

3.3.1 波浪在潜堤上的传播变形

在此算例中，我们旨在验证非静压模型模拟非平底地形上波浪的传播演化能力。波浪在浅堤上的传播包含在浅堤前坡由于非线性增加导致的高阶谐波的生成，以及由于在浅堤后坡高次谐波释放而导致的波形变换。许多研究者利用物理试验（Beji and Battjes，1993；Nadaoka et al.，1994；Ohyama et al.，1995）或数值模拟（Nadaoka et al.，1994；Stelling and Zijlema，2003；Yuan and Wu，2004a；Zijlema and Stelling，2005；Lin and Li，2002；Choi and Wu，2006；Yuan and Wu，2006）对这一过程进行了大量的研究。

在本研究中，我们选择 Nadaoka 等（1994）的试验作为验证算例。波浪水槽的长度为30m。静水深为0.3m，在浅堤处降至0.1m。浅堤的上、下游斜坡坡度分别为 1∶20 和 1∶10。基于线性正弦波的速度分布施加在左侧入流边界。入射波波高 $H_0 = 2.0\text{cm}$，周期 $T_0 = 1.5\text{s}$。在右侧出流边界，通过设置5m的海绵层以减少反射波的影响。在7个不同的站点使用波浪计测量自由面高程。此外，在第7站的 z 为 –0.02m、–0.16m 和 –0.26m 处测得速度场，以研究波浪在下游斜坡的分解情况。

为了离散计算域，沿 x 方向的等距网格间距取 0.0125m，在垂向分 2 层。时间步长取为 0.005s。

图 3.3 为 6 个测站的自由面高程的数值结果与实测数据的比较。图 3.4 表明测站 7 在 3 个不同深度下，数值结果与实测数据的速度场吻合得较好。

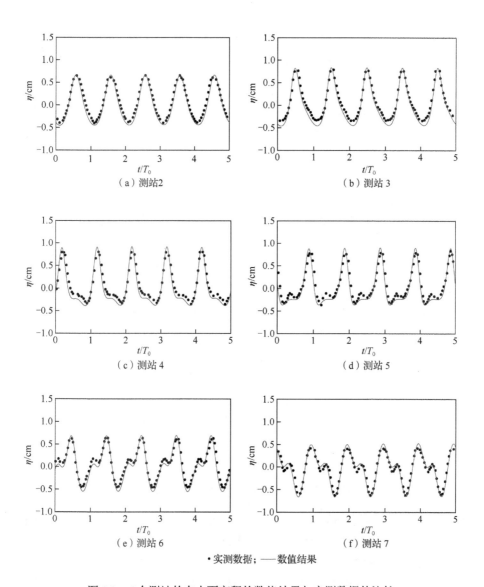

（a）测站2　　　　　　　　　　　　　（b）测站 3

（c）测站 4　　　　　　　　　　　　　（d）测站 5

（e）测站 6　　　　　　　　　　　　　（f）测站 7

·实测数据；——数值结果

图 3.3　6 个测站的自由面高程的数值结果与实测数据的比较

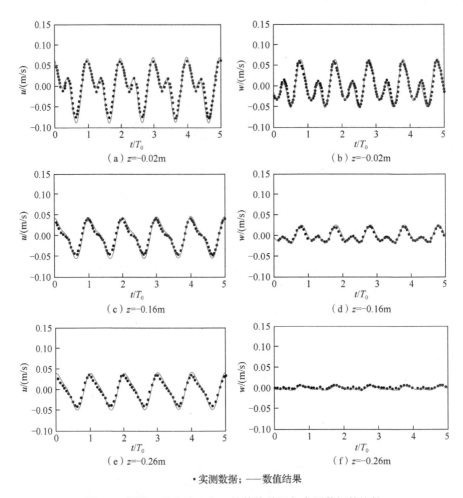

·实测数据；——数值结果

图 3.4　测站 7 处流速 u 和 v 的数值结果与实测数据的比较

图 3.3 表明该模型准确地模拟了测站 2 和测站 3 处的浅化现象。随着波浪越过浅堤，在测站 4 和测站 5 处的高频分量的发展也很好地被预测出来。在测站 6 和测站 7 处的浅堤后面产生的高频分量的释放也得到了很好的模拟。自由面高程和速度场的数值结果和实测数据在总体上具有较好的一致性，表明只用 2 层垂直层的模型可以准确地模拟垂向流动结构波浪浅化、非线性效应、折射现象和绕射等现象。

3.3.2　斜底椭圆浅滩上的波浪传播变形

在上一个例子中，模型旨在模拟三维非平底地形上波浪的传播引起的折射绕射现象。我们比较了 Berkhoff 等（1982）的数值结果与实测数据。图 3.5 为椭圆浅滩试验的测深装置。令 (x', y') 为对应于斜面的坐标，旋转 $-20°$ 后得到坐标系

(x, y)。浅滩的边界由下式给出：

$$\left(\frac{x'}{4}\right)^2 + \left(\frac{y'}{3}\right)^2 = 1 \qquad (3.38)$$

浅滩的厚度为

$$d = -0.3 + 0.5\sqrt{1 - \left(\frac{x'}{5}\right)^2 - \left(\frac{y'}{3.15}\right)^2} \qquad (3.39)$$

床面高程为

$$z_b = -\min(0.45, \max(0.10, 0.45 - 0.02(5.84 + y'))) + d \qquad (3.40)$$

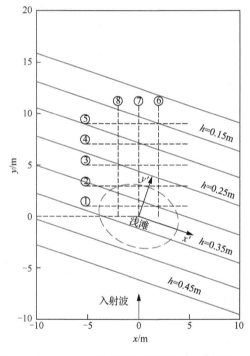

图 3.5　与 Berkhoff 等的试验装置相对应的底部结构

根据线性波理论，在下边界 $y = -10\text{m}$ 处指定波高 $H_0 = 4.46\text{cm}$，入射波的波周期 $T_0 = 1.0\text{s}$。在计算域末端 $y = 20\text{m}$ 处，采用与辐射边界耦合的海绵层，以最大限度地减少波浪反射。

在水平面上，网格间距设置为 $\Delta x = 0.1\text{m}$ 和 $\Delta y = 0.05\text{m}$。介绍了模型的精度和效率之后，在垂直方向上也分 2 层。因此，计算的总网格数为 200×600×2。时间步长取 0.01s，总模拟时间长达 34s，达到彩图 3 所示的静止波场。

图 3.6 显示了 6 个测站处标准化波高的数值结果和实测数据的比较。计算波

高是通过对 4 个波周期（即 t 从 30s 到 34s）求平均值来获得的。在测站 3 和测站 5 处，最大标准化波高分别在 2.2 和 1.8 左右，模型对聚焦效应的模拟效果较好。在其他测站中，模型结果与实测数据基本接近。计算采用内存为 4GB 的 Intel Core 2 Q9400 处理器。本模型每个时间步长所需的 CPU 总时间约为 2.6s。总的来说，这些结果表明，新研发的模型仅使用 2 个垂直层就能有效地解决三维非平底地形波的折射和衍射的非线性效应问题。

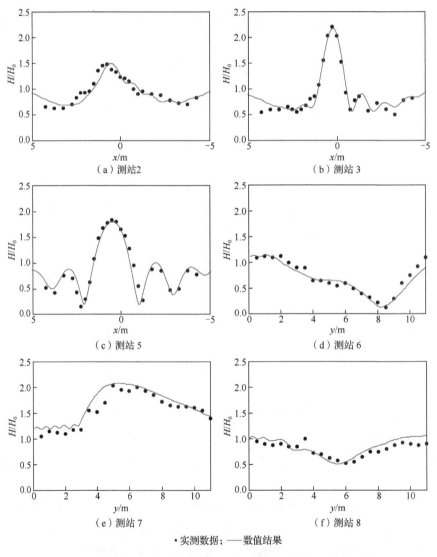

·实测数据；——数值结果

图 3.6　6 个测站处标准化波高的数值结果和实测数据之间的比较

3.3.3 孤立波在海滩上的爬高

平面海滩上的破碎和不破碎的孤立波爬高是验证爬高模型非常有效的基准试验。许多研究人员付出大量努力，通过实验室试验（Li and Raichlen，2002；Synolakis，1987；Titov and Synolakis，1995）或数值模拟（Li and Raichlen，2002；Lin et al.，1999；Yamazaki et al.，2009）来研究此过程。我们通过数值试验，以模拟海滩上的破碎波爬高，并将 Synolakis（1987）的数值结果与实测数据进行比较。图 3.7 是试验的示意图，A 表示入射孤立波波高，R 表示波浪的上升高度。海滩的坡度为 1 : 19.85。将波高与静水深之比 $A/h = 0.28$ 的孤立波的解析形式设置为初始条件。计算域始于距海滩坡脚 2 倍孤立波波长处，一直延伸到超出最大上升高度的位置。本试验中，均匀水平网格尺寸为 0.025m，且选择标准化时间步长 $t(g/h)^{1/2} = 0.01$。为了更好地显示波浪浅化和破碎过程中的速度场，垂向共分 10 层。

图 3.7 平面海滩上的孤立波爬高示意图

图 3.8 为在不同的无量纲时间下，孤立波自由表面轮廓的数值结果和实测数据之间的比较示意图。从图 3.8（a）和（b）中可以看出，随着水深的减小，波前比波后变得更加陡峭。随着时间的增加，波浪高度最终在时间段 $t(g/h)^{1/2} = 15$ 到 $t(g/h)^{1/2} = 20$ 之间达到最大值，波浪破碎。从图 3.8（c）和（d）可以看出，在波浪破碎过程中，波高迅速降低，表面轮廓发生了显著变化。图 3.8（e）～（g）显示了破碎波的爬高过程。从图 3.9 中可以发现，最大爬高发生在 $t(g/h)^{1/2} = 43$ 附近，而且标准化爬高的时间历程的数值结果与实测数据有很好的一致性。在图 3.8（h）中，波浪回落过程开始，而且由于回落的水与继续向斜坡传播的浪尾相互作用，产生了水跃［图 3.8（i）］。总的来说，数值模型正确地模拟了波浪的破碎、爬高和回落过程，与试验数据吻合较好。

图 3.10 为计算出的在波浪浅化和破碎过程中的速度场示意图。在图 3.10（a）中，孤立波的波峰刚刚到达坡前，其速度分布与静水中孤立波的速度分布相似。图 3.10（b）和（c）显示了波浪破碎前后的速度场。可以看出，在这个过程中，

波前下面的垂直速度急剧增加，特别是在图 3.10（c）中，产生了强烈的垂直运动。图 3.10（d）为破浪在斜坡上传播时的速度场。可以发现，速度主要集中在波前，且垂向运动变弱。

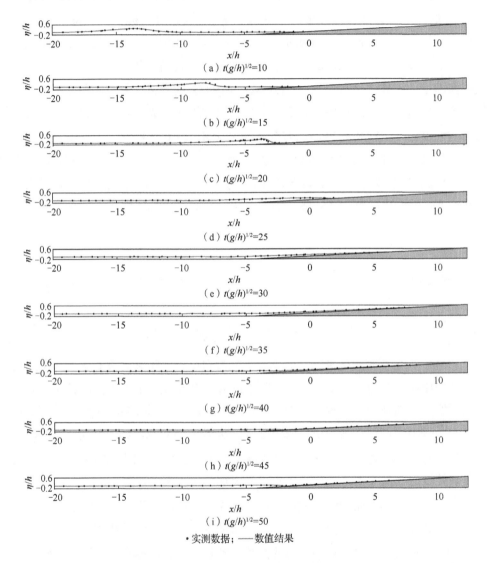

·实测数据；——数值结果

图 3.8　在不同无量纲时间下，坡度为 1：19.85 的平面海滩上孤立波自由表面轮廓的
数值结果和实测数据之间的比较示意图

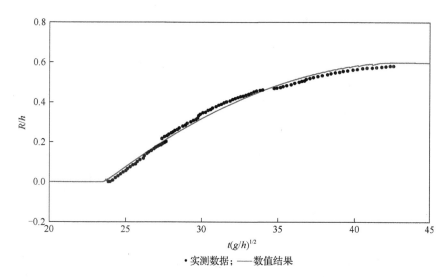

· 实测数据；—— 数值结果

图 3.9　标准化爬高随着标准化时间函数变化的数值结果与实测数据之间的比较示意图

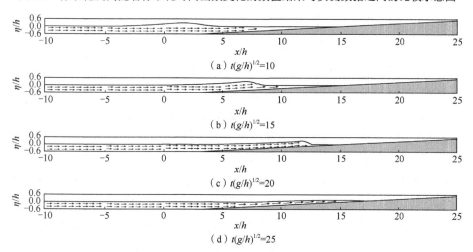

（a）$t(g/h)^{1/2}=10$

（b）$t(g/h)^{1/2}=15$

（c）$t(g/h)^{1/2}=20$

（d）$t(g/h)^{1/2}=25$

图 3.10　波浪浅化和破碎过程中的速度场示意图

3.3.4　孤立波在锥形岛上的爬高

Briggs 等（1995）进行了一系列锥形岛周围孤立波相互作用的试验，这些试验也被广泛用于数值爬高模型的验证（Yamazaki et al.，2009；Chen et al.，2000；Fuhrman and Madsen，2007；Lynett et al.，2002）。图 3.11 为数值模型中岛和仪表位置的示意图。计算域长 30m，宽 30m。岛高 0.625m，坡度为 1∶4。静水深为 0.32m。本研究考虑两种试验情况下岛上最大爬高和自由面高程的有效测量值，来验证我们的三维爬高模型。

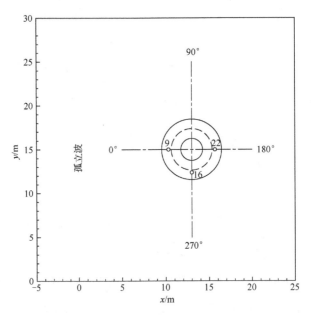

图 3.11　数值模型中岛和仪表位置示意图

　　两种试验情况在 $x=0$ 处的初始波高 A/h 分别为 0.096 和 0.18。正如 Yamazaki 等（2009）指出的那样，情况 1 的波浪破碎发生在局部，情况 2 的波浪破碎发生在岛周。在右边界处，辐射边界条件允许波浪无反射且自由流出。在两个侧面边界处设置固壁边界条件。建立数值模型时，在 x 和 y 方向选择大小为 0.05m 的水平网格，垂向分 4 层。时间步长取 0.005s。

　　图 3.12 为自由表面高程的数值结果和实测数据的时间历程比较。仪表位置如图 3.11 所示。对于所有比较，计算出的主波高度和形状与测量数据吻合较好。但是，从图 3.12 可以看出，本模型预测的主波后的低洼度相对于实测数据较小，或者说岛的反射波相对于实测数据较小。产生这种差异的原因是干湿边界的处理导致了波浪能量的轻微损失，这种差异也可以从其他数值结果中找到（Chen et al.，2000；Fuhrman and Madsen，2007；Lynett et al.，2002）。

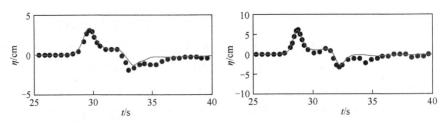

图 3.12　锥形岛周围仪表处自由表面高程的数值结果和实测数据的时间历程比较

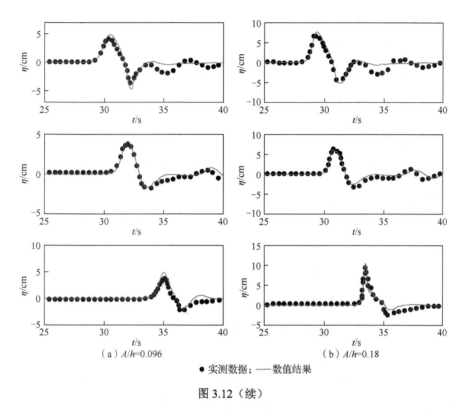

（a）A/h=0.096

（b）A/h=0.18

● 实测数据；—— 数值结果

图 3.12（续）

　　图 3.13 给出了两种试验情况下岛周围相对爬高的数值结果与实测数据的比较。如图 3.11 所示，顺岛中心线沿着入射波的反向，顺时针旋转角度后为水平轴，使 θ 为 0° 和 180° 时分别沿岛中心线向西和向东。波浪爬高由入射孤立波波高标准化。两种试验情况下的数值结果与实测数据吻合较好。如上文所述，试验工况 A/h = 0.18 有一定挑战性，因为岛周围到处都会出现波浪破碎现象，但在这个模拟中仍能准确地捕捉到最大的波浪爬升高度。如图 3.12 和图 3.13 所示，计算结果和实测数据之间基本一致，表明本模型具有预测三维波浪破碎和爬高的能力。

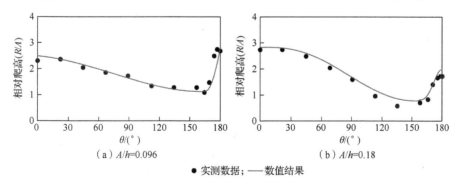

（a）A/h=0.096

（b）A/h=0.18

● 实测数据；—— 数值结果

图 3.13　锥形岛周围相对爬高的数值结果和实测数据之间的比较

3.3.5　随机波在浅堤上的传播

为验证非静压模型在浅堤上的模拟性能，根据 Ma 等（2015b）的物理试验，设置数值水槽长 50.0m，在水槽末端，设置 3 倍谱峰波长的区域作为海绵层消波区。潜堤近岸与离岸区域坡度均为 1∶20，堤顶宽度为 3.0m。物理模型测点试验布置示意图如图 3.14 所示。随机波选择联合北海波浪计划（Joint North Sea Wave Project，JONSWAP）谱，谱峰增强因子 γ=3.3。谱峰周期 $T_p = 1.5\text{s}$，有效波高 $H_s = 0.023\text{m}$。水深为 0.45m。

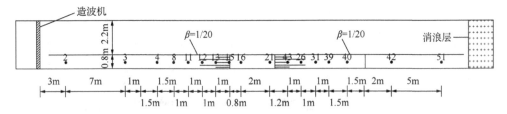

图 3.14　物理模型测点试验布置示意图

首先，对比试验与数值模型的波浪谱如图 3.15 所示，可以看出，数模谱与试验谱对比结果显示二者吻合良好，谱峰值和谱峰周期及有效波高的对比误差均小于 3%，证明该数值模型能有效模拟不规则波越过潜堤的变化情况。

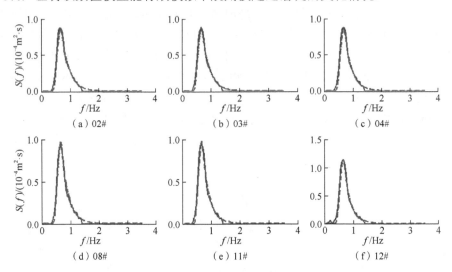

图 3.15　试验与数值模型的波浪谱对比

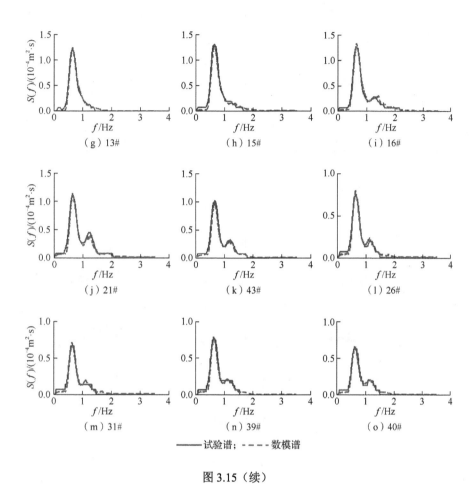

图 3.15（续）

其次，参数如不对称度 A_{sy}、偏度 S_{ke}、峰度 K_{ur} 和无量纲化有效波高 H_s / H_{s_0}（H_{s_0} 为深水的有效波高）的沿程变化如图 3.16 所示。其中，不对称度反映了波形左、右两侧的不对称性（Kennedy et al.，2000）；偏度为三阶统计矩，反映了波面相对于水平轴（垂直）的不对称性（Elgar and Guza，1985）；峰度为四阶统计矩，描述波面高度的峰态，可以作为畸形波发生的指标（Mori and Janssen，2006）。根据图 3.16，可以看出这 4 个统计值，数值结果与试验数据（Ma et al.，2015b）均吻合很好，进一步验证了模型在模拟变水深地形下随机波的性能。

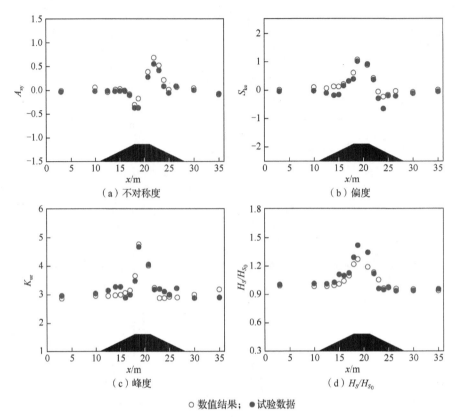

（a）不对称度　　　（b）偏度

（c）峰度　　　（d）H_S/H_{S_0}

○ 数值结果；● 试验数据

图 3.16　各项参数的沿程变化

3.4　深水波浪数值模拟

3.4.1　波浪调制不稳定性

深水重力波传播过程中受到微小扰动，在非线性作用下，波列会逐渐分解为几个连续的波群，且扰动振幅随传播距离呈指数形式增加，该现象称为波浪的调制不稳定性，即 Benjamin-Feir 不稳定性（Benjamin and Feir，1967）。

目前对波浪不稳定性的研究主要通过试验及数值求解非线性薛定谔（Schrödinger）方程进行（Lo and Mei，1985；Chiang and Hwung，2007；Lake et al.，1977；Melville，1983）。Lake 等（1977）通过研究非线性波列长时间的演化，认为波浪的调制是周期性再现的，即费米-帕斯塔-乌拉姆（Fermi-Pasta-Ulam，FPU）重现现象（Lake et al.，1977）；之后 Melville（1982）进行了一系列包含波浪破碎的边带演化试验，认为谱的演化不仅受离散频率的限制，还会发展成连续增长的谱，单纯用 FPU 重现现象描述是不精确的，当初始波陡 $\varepsilon \geqslant 0.2$ 时，并未有 FPU

重现现象发生；Tulin 和 Waseda（1999）经过大量试验认为，在无破碎发生时，尽管能量向低频转移，但这种现象可逆；只有当强烈破碎发生时，能量从高频向低频转移才是不可逆的；Chiang 和 Hwung（2007）认为当初始波陡 $\varepsilon \geqslant 0.11$，在波浪破碎前，波列出现周期性的调制和解调现象，同时，波浪谱相应地下移和上移。因此由于波浪破碎引起的频率下移并不是永久的。

由于调制不稳定现象出现在深水短波中，而常见的非静压模型在深水波况下衰减较严重，且短波的模拟对模型非线性、色散性考验很高，很容易出现波面发散等状况，因此，目前尚未有学者利用非静压模型模拟波浪不稳定性。

本节利用非静压模型研究有限水深波浪调制不稳定性的特征。首先模拟波陡为 0.1～0.3 的规则波的传播演化，分析波列自发产生的最不稳定频率，进而应用该模型研究三波波列的传播演化，通过改变初始波陡、扰动振幅及扰动频率，分析调制不稳定性的增长率和在演化过程中出现的极端波浪的特征。对于波陡大于 0.1 的波浪，理论上随着传播距离的增加会发生破碎。本模型通过激波捕捉的方式处理波浪破碎，该方法可以直接捕捉波浪破碎的实际位置，而不需要引入其他判别波浪破碎出现位置和发生时刻的指标（Benjamin and Feir，1967）。

1. 规则波的传播演化

计算域水槽长 $L = 100\mathrm{m}$，水深 $h = 1\mathrm{m}$，空间步长 $\mathrm{d}x$ 取波长/80，计算域右侧设置 3 倍波长海绵层，分别计算频率 0.7～1.4Hz、波陡 0.1～0.35 的规则波的传播演化，每组计算时间为 200s。

选取不同频率、波陡相近的 3 组规则波况，参数如表 3.1 所示，分析计算域相同位置测点处的波面过程线。

表 3.1　规则波况参数

编号	f/Hz	ε
Case A	1.4	0.234
Case B	1.2	0.235
Case C	1.0	0.235

由图 3.17～图 3.19 可以看出，波面在到达稳定前有段波前演化区域，称为不稳定波前（Ma et al.，2015）。不稳定波前向前传播，随着传播距离的增加，逐渐呈现波群特征，且波长越短（Case A），不稳定现象出现得越快、越明显。分析 Case A 可以得出，起初波前不稳定最大振幅出现在第二个波峰处，在波数 $k_x = 159.6$ 测点位置达到最大值，为稳定波幅的 1.6 倍，接着，最大振幅位置逐渐向后传播，在 $k_x = 223.44$ 时，第 5 个波峰出现波前不稳定最大振幅，并且逐渐向前传播。同时，测点位置越靠后，不稳定区域越长，波面越不稳定。Case C 中，相同测点位置波面与 Case A 相比，明显更加稳定，虽然不稳定波前也以波群特性逐渐向前传播，但传播速度较慢，不同位置测点，波面变化不明显。

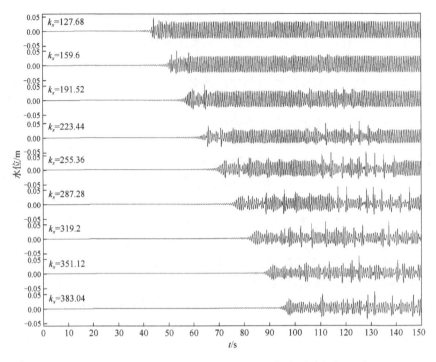

图 3.17 Case A 沿水槽不同位置处的波面过程线

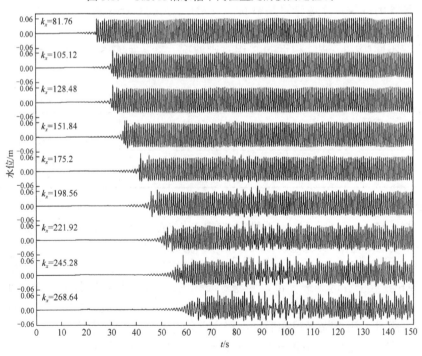

图 3.18 Case B 沿水槽不同位置处的波面过程线

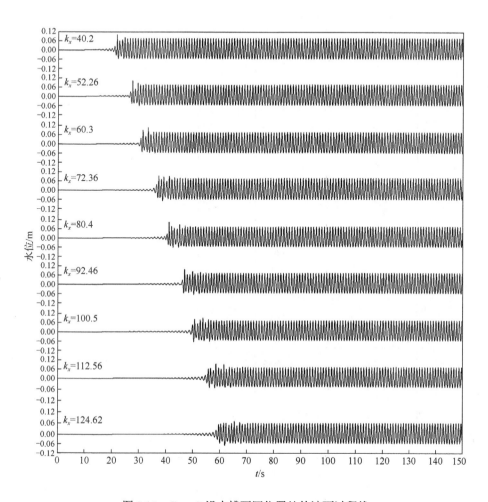

图 3.19　Case C 沿水槽不同位置处的波面过程线

　　根据快速傅里叶变换（fast Fourier transform，FFT）变换，绘制 Case A、Case C 在不同测点的频谱图如图 3.20 所示。

　　由图 3.20 可以看出，随着传播距离的增加，波列频率成分逐渐增多，不同频率的波浪幅值也有明显的增长，其中在主频两侧有一对侧边带波浪幅值增长最明显，且两侧幅值接近相等，这对频率即波浪的最不稳定频率。根据彩图 4 可以看出，数值计算得到的最不稳定频率与试验解吻合较好，模拟结果与 Benjamin-Feir 结果（Benjamin-Feir，1967）相差较远，结果介于隆盖-希金斯（Longuet-Higgins）理论解与戴森（Dysthe）理论解之间。

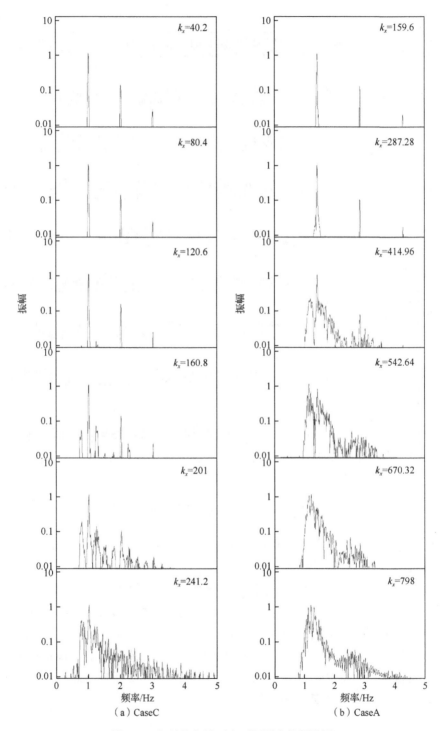

图 3.20　初始均匀波列在不同测点的频谱图

2. 边带扰动波列的传播演化

计算域水槽长 $L=150\text{m}$，水深 $h=1\text{m}$，空间步长 dx 取波长 1/80，计算域右侧设置 3 倍波长海绵层，每组计算时间为 200s。改变初始波陡、扰动振幅及扰动频率，分析其对边带扰动波列调制演化的影响。模拟的波况参数如表 3.2 所示。

表 3.2　边带扰动波列的波况参数

编号	f /Hz	Δf /Hz	$a_{\pm}/a_0$	ε
Case D	1.0	0.1	0.05	0.13
Case E	1.0	0.1	0.05	0.19
Case F	1.0	0.1	0.05	0.23

分析 Case D～Case F 水槽不同位置处的波面过程线及波幅谱，结果如图 3.21～图 3.23 所示。

可以看出，随着波列传播距离的增加，边带扰动波列的波幅调制现象越来越明显，具体表现为：①载波能量逐渐向边带传递，使得边带能量逐渐增加，且低频边带的幅值逐渐超过高频边带，出现高、低边带的不对称现象；同时，低频边带的幅值会进一步超过原载波频率的幅值，发生频带下移。②由于波列之间的相互作用，高、低阶谐频逐渐出现，且高阶谐频的幅值增加更为明显。③波列不稳定频率由离散的点逐渐转化为一个连续的频带。

分析不同初始波陡的波列演化过程可以看出，随着初始波陡的增加，波列的调制现象更加明显，且伴随波浪破碎的发生。由图 3.22 可以看出，$k_x \leqslant 357.457$ 时，高、低频边带幅值均逐渐增加，且低频边带幅值逐渐超过载波幅值；$k_x > 357.457$ 时，低频边带幅值仍然继续增加，但载波幅值与高频幅值逐渐下降，出现明显的频带下移现象，这种现象在图 3.23 中也可以观察到。同时，初始波陡越大，频带下移发生的位置越早、越明显。

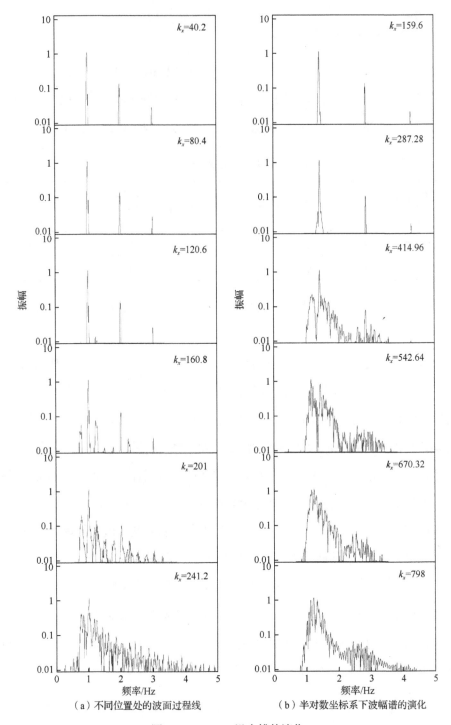

（a）不同位置处的波面过程线　　　　（b）半对数坐标系下波幅谱的演化

图 3.21　Case D 沿水槽的演化

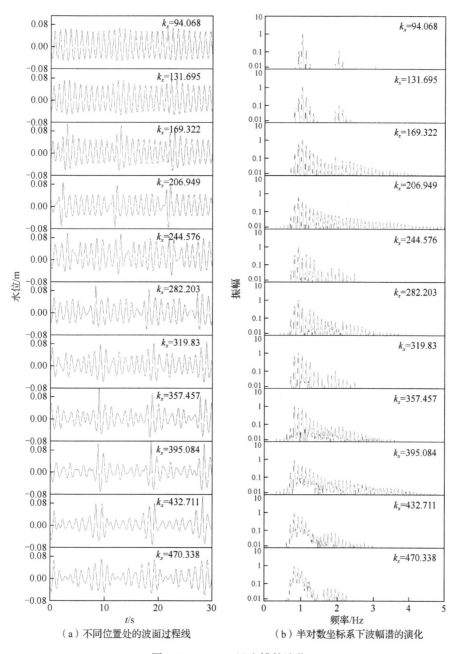

（a）不同位置处的波面过程线　　（b）半对数坐标系下波幅谱的演化

图 3.22　Case E 沿水槽的演化

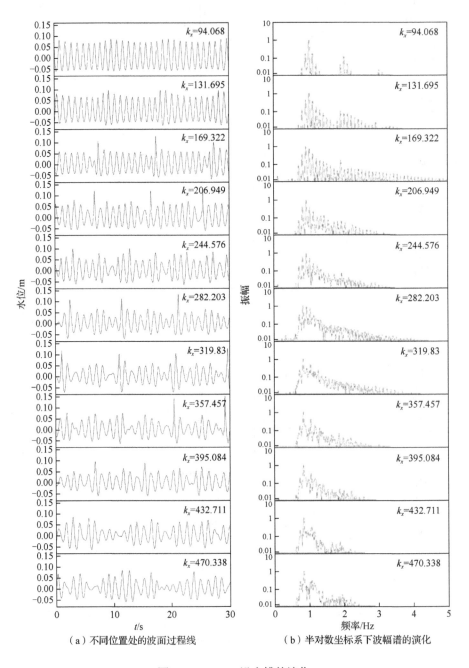

（a）不同位置处的波面过程线　　　　　　（b）半对数坐标系下波幅谱的演化

图 3.23　Case F 沿水槽的演化

3.4.2　二维深水聚焦波

Baldock 等（1996）进行了一系列试验，以研究深水条件单向入射波的时空聚焦。在本研究中，通过试验来验证模型模拟深水聚焦波的能力。根据试验设置，数值模型水槽长 20m，宽 0.3m，工作水深 $h = 0.7$m。在计算域的末端采用 5m 厚的海绵层。数值研究考虑的周期范围和频带如表 3.3 所示。波群 B 对应的是宽频波群，而波群 D 代表的是窄频波群。每个波群由 $N = 29$ 个独立的波分量组成，通过设置不同的输入波幅 $A = \sum_{n=1}^{N} a_n$ 生成。入流边界在 $x = 0$m 处，理论聚焦位置和理论聚焦时间分别为 $x_f = 8$m 和 $t_f = 30$s。在周期范围内，波分量具有相等的振幅和相等的间隔。为了研究波幅对聚焦波非线性的影响，对于两种频率范围，分别考虑输入波幅 A 为 22mm、38mm 和 55mm 三种情况，总共得到 6 组波群，分别命名为工况 B22、B38、B55、D22、D38 和 D55。

表 3.3　二维深水聚焦波的试验条件

项目	周期范围/s	频带/Hz	$k_n h$
波群 B	$0.6 \leqslant T \leqslant 1.4$	$0.71 \leqslant f \leqslant 1.66$	1.57～7.82
波群 D	$0.8 \leqslant T \leqslant 1.2$	$0.83 \leqslant f \leqslant 1.25$	2.02～4.40

在数值模拟试验中，水平计算域采用 $\Delta x = 0.25$m 和 $\Delta y = 0.05$m 的网格离散，时间步长取 $\Delta t = 0.0025$s。广义边界适应（general boundary-fitted，GB）系统在垂向分 10 层，取水平分层线高度 $z_f = 0.56$m，分层号 $k_f = 8$。在图 3.24 中，对于每个波群，在聚焦位置处，将波面的数值结果分别与线性解析解和实测数据进行了对比。图 3.25 给出了在聚焦位置和聚焦时间处，波面下的水平速度曲线 $u(z)$ 的数值结果与实测数据之间的对比。

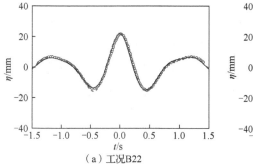
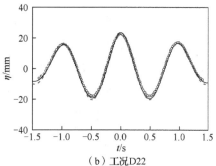

（a）工况B22　　　　　　　　　　　　　（b）工况D22

图 3.24　二维深水聚焦波试验的自由面高程在聚焦位置处的数值结果、线性解析解和实测数据之间的比较

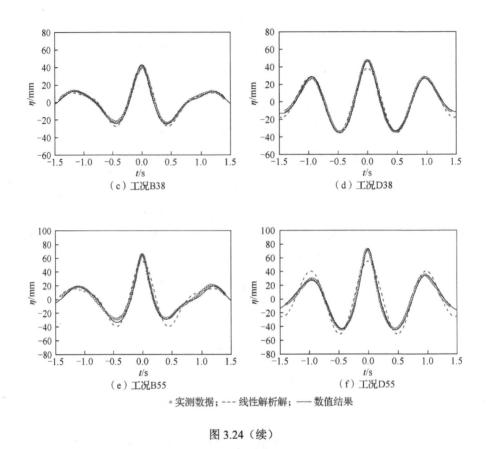

（c）工况B38

（d）工况D38

（e）工况B55

（f）工况D55

。实测数据；－－－线性解析解；—— 数值结果

图 3.24（续）

从图 3.24 和图 3.25 中可以发现，数值结果与试验结果有较好的一致性。在图 3.24 中，通过与线性解析解预测的比较，模型准确地预测出了深水聚焦波的主要特征，即非线性效应随着波幅 A 的增加而变强，在相同输入值 A 的情况下，窄频带（波群 D）的非线性效应比宽频带（波群 B）的非线性效应更强。图 3.26 进一步揭示了非线性效应与输入波幅 A 和频率带宽之间的关系，描述了每种波群的输入波幅 A 和最大波高之间的关系。这里考虑的输入波幅 A 的范围为 20～55mm。从图 3.26 中可以发现，数值结果与实测数据之间吻合良好，表明模型准确地模拟了深水条件下输入波幅和频带宽引起的非线性效应。

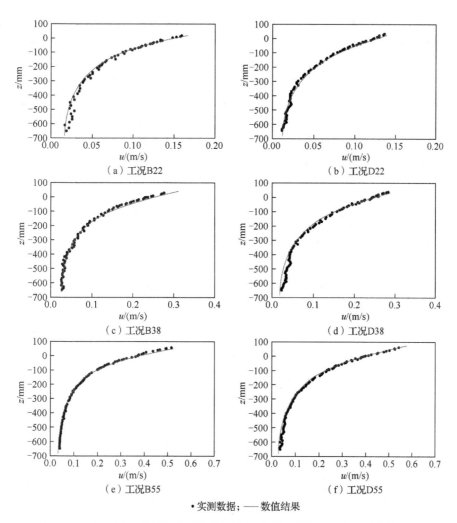

（a）工况B22　　　　　　　　　　　　　（b）工况D22

（c）工况B38　　　　　　　　　　　　　（d）工况D38

（e）工况B55　　　　　　　　　　　　　（f）工况D55

• 实测数据；—— 数值结果

图 3.25　二维深水聚焦波试验聚焦位置和聚焦时间处波面下水平速度曲线的
数值结果与实测数据之间的比较

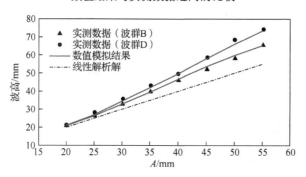

图 3.26　二维深水聚焦波试验的输入波幅和最大波高之间的关系

对于变化范围20～55mm的输入波幅A，模型还预测了由于波群非线性引起的聚焦位置和聚焦时间的下移。聚焦位置和聚焦时间的数值结果分别如图3.27（a）和图3.28（a）所示。数值结果的最佳拟合多项式也显示在图3.27（a）和图3.28（a）中，并与图3.27（b）和图3.28（b）中的实测数据进行比较。需要提到的是，图3.27和图3.28所示的波群B的结果是通过细化的水平网格尺寸$\Delta x = 0.125m$和较小的时间步长$\Delta t = 0.00125s$得到的，因为在这种情况下，聚焦位置和聚焦时间相对较小。从图3.27中可以看出，无论是在波群B还是波群D中，数值结果与实测数据的一致性都很好，但是从图3.28中可以发现，在波群D中，模型对聚焦时间的预测很好，但在波群B中对聚焦时间预测的最大误差约为0.05s。造成这种不足的原因可能是聚焦时间相对较小，而且试验所使用的造波板时钟的精度只有$\pm 0.05s$。总的来说，图3.27和图3.28的结果表明，在深水条件下，聚焦位置和聚焦时间随着输入振幅的增加而增加，但随着频率带宽的增加而减小。

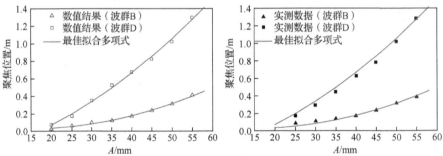

（a）数值结果和数值结果的最佳拟合多项式的比较　（b）实测数据和数值结果的最佳拟合多项式的比较

图3.27　二维深水聚焦波试验的聚焦位置x_f随输入波幅的变化

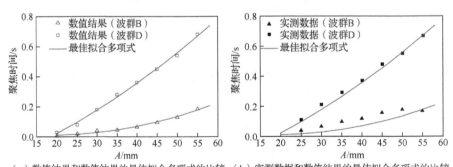

（a）数值结果和数值结果的最佳拟合多项式的比较　（b）实测数据和数值结果的最佳拟合多项式的比较

图3.28　二维深水聚焦波试验的聚焦时间t_f随输入波幅的变化

3.4.3　三维深水聚焦波

Johannessen和Swan（2001）通过在三维深水条件下进行试验研究，扩展了Baldock等（1996）的试验研究。他们主要考虑了输入波幅和入射波群的方向对三维聚焦波群非线性的影响。在本研究中，利用该试验的实测数据来验证模型的准确性。类似的三维聚焦波的问题，已经广泛地被势流模型模拟（Fochesato et al.，2007；Yan and Ma，2009a；Toffoli et al.，2010；Ducrozet et al.，2012；Phillips，1960）。

数值波浪水槽长 25m，宽 11m，水深 1.2m。根据试验装置，在计算域末端加上 3.7m 厚的海绵层。图 3.29 所示为数值波浪水槽示意图。试验考虑了 3 个频段，分别对应于 Baldock 等（1996）研究中的波群 B、波群 C 和波群 D。在窄频带谱的波群 D 中，Baldock 等研究了输入波幅和波场方向对三维聚焦波群非线性的影响，因此本数值模拟主要集中于波群 D。对于每个波群，由 $N = 28$ 个频率分量组成，在每个频率分量中，有 $M = 91$ 个方向分量。为了生成指定的波群，应设置输入波幅 $A = \sum\limits_{n=1}^{N} a_n$ 和方向传播系数 s。对于每个频率分量，频率 f_n 在频率范围内等距分布，波幅 a_n 与 f_n^{-2} 呈正比。对于每个方向分量，方向的变化范围为 $-45° \sim 45°$。另外，理论聚焦位置指定为 $(x_f, y_f) = (12.5\text{m}, 5.5\text{m})$，理论聚焦时间设置为 50s。

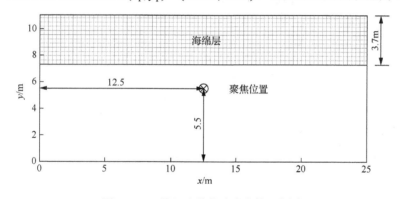

图 3.29　三维深水数值波浪水槽示意图

在计算中，水平网格间距设置为 $\Delta x = 0.05\text{m}$，$\Delta x = 0.0025\text{m}$。在垂向边界适应的网格系统中，垂向分 10 层，取 $z_f = 0.96\text{m}$、$k_f = 8$。三维计算域总的计算网格为 500×440×10。数值模拟考虑了 3 个方向的传播系数 s，分别为 ∞、45 和 4，分别对应于单向波群、长波群和短波群。对于指定的 s，考虑两个输入波幅值，一个是恒定的输入波幅 $A = 55\text{mm}$，另一个是最大输入波幅，最大输入波幅非常接近发生初始波破裂的极限。因此，本研究共涉及 6 个波群。应该提到的是，存在两个单向波群，它们本质上是二维问题，并且已经在二维深水聚焦波的试验中进行了研究。但是，为了进行比较，两个单向波群的模拟也包含在内。

对于每个波群，图 3.30 给出了最大波高位置处波面的数值结果与线性解析解和实测数据之间的对比。对于 6 个波群中输入波幅最大的 3 个波群，最大波高下的最大水平速度曲线 $v(z)$ 的数值结果与实测数据的比较如图 3.31 所示。按照 Johannessen 和 Swan（2001）的方法，在图 3.30 和图 3.31 中，通过频谱带宽、方向传播系数和输入波幅来区分每个波群。例如，工况 D4578 对应于频谱带宽 D，方向传播系数 $s=45$，输入波幅 $A=78mm$。总的来说，从图 3.30 和图 3.31 中可以发现，数值结果与实测数据的吻合较好，表明了模型对非线性三维深水聚焦波的模拟能力较好。对于同样的输入振幅 $A=55mm$，从图 3.30（a）、（c）和（e）可以得出结论，随着传播系数 s 的增加，数值结果与线性解析解的最大峰顶高差变大，因此非线性效应变强。此外，通过比较图 3.30（a）和（b）之间的单向波结果，或比较图 3.30（c）和（d）之间的长波结果，或比较图 3.30（e）和（f）之间的短波结果，也可以得出结论，当方向传播系数 s 相同时，随着波幅 A 的增加，非线性效应越来越强。

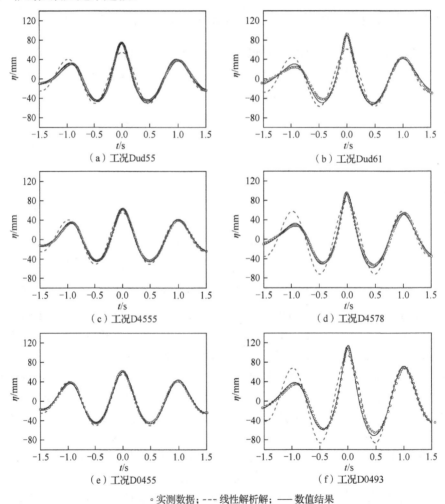

○ 实测数据；--- 线性解析解；—— 数值结果

图 3.30　三维深水聚焦波试验最大波高位置处自由面高程的数值结果、线性解析解和实测数据之间的比较

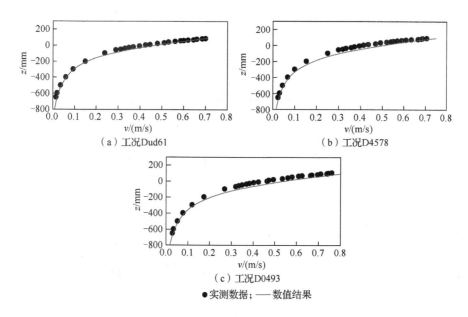

（a）工况Dud61　　　　　　　（b）工况D4578

（c）工况D0493

●实测数据；—— 数值结果

图 3.31　三维深水聚焦波试验最大波高下最大水平速度曲线的数值结果与实测数据的比较

3.5　岛礁地形上波浪传播演化数值模拟

本节主要介绍非静压模型在岛礁地形上波浪的数值模拟。利用理想边缘礁上的孤立波进行数值模拟，考察了该模型在处理非线性色散波和波破方面的能力。测试配置包括前礁、礁坪和一个可选的礁顶，以代表热带环境中常见的边缘礁。

2007 年和 2009 年在俄勒冈州立大学进行的两个系列的实验室试验包括 198 项试验，其中包括 10 种二维珊瑚礁结构、孤立波高度和水深范围。图 3.32 和图 3.33 显示 2007 年秋季和 2009 年夏季在俄勒冈州立大学波浪研究实验室进行的试验示意图。图 3.32 中的水槽长 48.8m（实际使用 45m），宽 2.16m，高 2.1m。图 3.33 中的第二水槽长 104m（实际使用 83.7m），宽 3.66m，高 4.57m，有礁顶。这两个水槽都配备了活塞式的造波器，用于单独产生波，并使用相同的电容和声波计。

本节介绍的数值模拟试验分为两个，分别对应上述两个水槽。数值模型使用柯朗数（Courant number）$C = 0.4$，网格尺寸设为 $\Delta x = 0.05\text{m}$。在左侧边界处产生孤立波。曼宁系数 $n = 0.012$ 定义了实验室试验中成品混凝土的表面粗糙度。

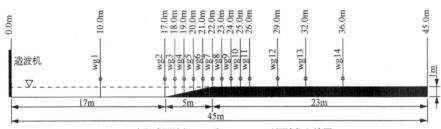

○电阻式测波仪；wg为wave gauge（测波仪）缩写

图 3.32 俄勒冈州立大学波浪水槽 1∶5 坡度二维珊瑚礁模型示意图

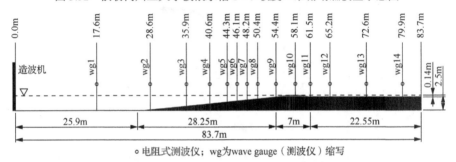

○电阻式测波仪；wg为wave gauge（测波仪）缩写

图 3.33 俄勒冈州立大学波浪水槽 1∶12 坡度二维珊瑚礁模型示意图

第一次试验的内容（波浪和地形）是在 48.8m 水槽中模拟 $A=0.5$m、水深 $h=1.0$m 波浪，即无量纲化波高 $A/h=0.5$ 的陡峭孤立波以及包含有 1∶5 斜坡的干礁坪。图 3.34 为测量和计算的孤立波在 1∶5 斜坡和干礁滩上传播的自由面波廓线示意图，图 3.35 为该孤立波在 1∶5 斜坡和干礁坪上传播的自由面时间序列示意图。图中 η/h 为相对水深的水位。最初对称的孤立波传播时，在斜坡 $x=17$m 处开始向前方倾斜，波浪在前端变陡，但在陡峭的 1∶5 坡度上不会形成卷破波。当波浪在 $x=22$m 处越过礁石边缘时，它在实验室试验中经历了从亚临界流到超临界流的逐渐过渡，而数值模型将其描述为一个瞬时过程。数值结果表明，数值模型再现了 $x=23$m 处波前的崩塌和 $t\sqrt{g/h}=56$ 附近干礁坪上的稀疏波。在试验中观察到，水以片状流的形式在干礁坪上奔流，而没有产生明显的孔状前缘。同时，稀疏性的反射成分降至初始水位以下，瞬间使礁石边缘暴露，将水流分成两个部分。这证明了模型捕捉运动波前和干湿界面的能力。

研究人员通常使用自由表面高程的测量来验证模型，而沿水深平均模型描述流速的能力还不确定。图 3.36 显示了计算和测量的前礁孤立流流速以及礁滩浪涌的形成。比较结果表明，即使在高弗劳德数（Froude number）下，孤立波和随后的片状流也有很好的一致性。其余水流的微小差异很可能是由于实验室水槽两端存在开口，这些开口没有像数值模型中那样反射波浪。图中 $U/(gh)^{0.5}$ 表示无量纲的流速，其中 U 为流速，h 为水深。

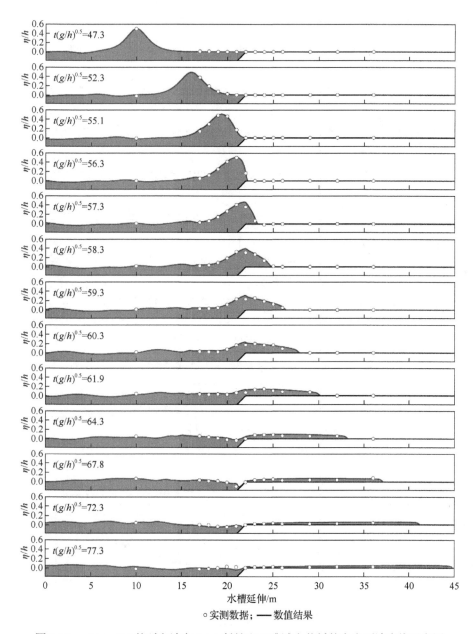

○ 实测数据；—— 数值结果

图 3.34　$A/h=0.5$ 的孤立波在 1∶5 斜坡和干礁滩上传播的自由面波廓线示意图

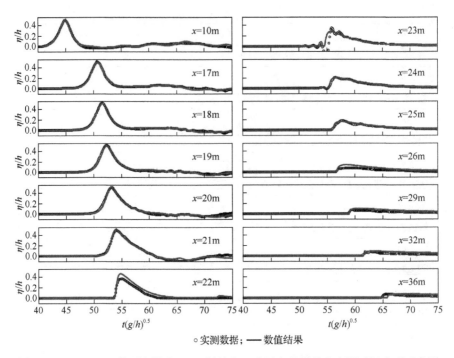

图 3.35　$A/h=0.5$ 的孤立波在 1∶5 斜坡和干礁坪上传播的自由面时间序列示意图

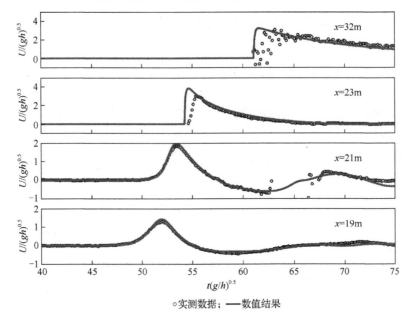

图 3.36　$A/h=0.5$ 的孤立波在 1∶5 斜坡和干礁坪上传播的 x 方向速度示意图

大多数边缘礁都有一个暴露的礁顶和一个潟湖，可以改变礁滩的水力过程。图 3.37 显示了 104m 水槽的结果。试验包括 1：12 的前礁坡度、0.2m 的礁顶和 2.5m 的水深。这个装置暴露了 6cm 的礁顶，并淹没了 14cm 的水，由 0.75m 孤立波波高及 2.5m 水深可得出无量纲波高 $A/h=0.3$。位于相对平缓斜坡上的孤立波浅滩从 $x=25.9$ m 开始，波浪在 $t\sqrt{g/h}=68.5$ 附近时，剖面接近垂直并且波浪开始破碎。在实验室试验期间的观察表明，自由表面随后发生倾覆，并在 $t\sqrt{g/h}=68.5$ 附近的礁顶上形成了夹带空气和飞溅的卷破波。来自破碎波的射流撞击水面，在 $t\sqrt{g/h}=70.5$ 附近形成一个椭圆形的空腔，很快就会塌陷，并在水流中夹带大量的空气。在 $t\sqrt{g/h}=70.5$ 时，破碎波开始沿着礁顶的后坡传播，并产生超临界流动，取代了潟湖中最初的静水。在暗礁坪上，流动过渡到以通量为主导的平流，使得控制方程成为捕捉相关水力过程的工具。水流在后礁产生水跃并产生向前传播的水流。实验室观察结果表明，随着超临界流将体积和动量传递给亚临界流中，在水跃处自由表面发生倾覆，从而为前方的水流提供能量。水跃最初以强超临界流量向下游移动。在 $t\sqrt{g/h}=80.8$ 附近，动量通量在流动不连续处平衡，水跃瞬间静止。

水槽的端壁将水流反射回潟湖，潟湖反过来超过礁顶作为片流，并在前礁产生一个水跃。反射的水流具有较低的弗劳德数，产生了一系列色散波，值得进一步研究。图 3.38 比较孤立波在 1：12 斜坡和裸露礁顶上传播的自由面高程时间序列。在 $x=65.2$m 和 $x=61.2$m 礁坪上的时间序列显示了端壁和礁顶的反射。从端壁反射后，这一过程继续进行。在 $x=58.1$m 处的时间序列显示在礁顶处漫顶，当水流冲下前礁时，产生了水跃现象。在试验中的观察证实了在 $x=54.4$m 附近有空气夹带的倾覆自由表面。水跃最初产生一个近海传播孔，它在 $x\leqslant 50.4$m 的前礁上随着水深的增加而转变成波列。所产生的波动随着波包中释放出的高次谐波的增加而加剧。

本节主要计算了非静压模型在岛礁地形上波浪的数值模拟，并与实验室试验数据进行了比较，验证了非静压模型对于岛礁地形的实用性及准确性。通过以上实验室试验与数值模拟的对比分析可见，非静压模型在处理岛礁地形上波浪的传播中非线性色散波和波破方面的能力显著，满足一定的实用性和准确性要求，能够很好地反映实际中的波浪现象。

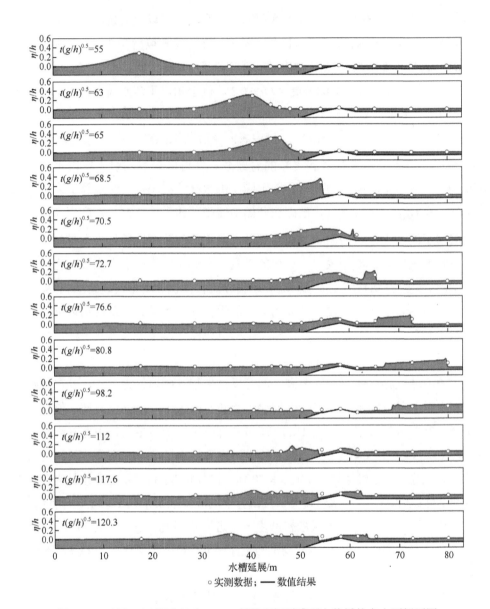

图 3.37　$A/h=0.5$ 孤立波在 1∶12 斜坡和裸露礁顶上传播的自由面剖面图

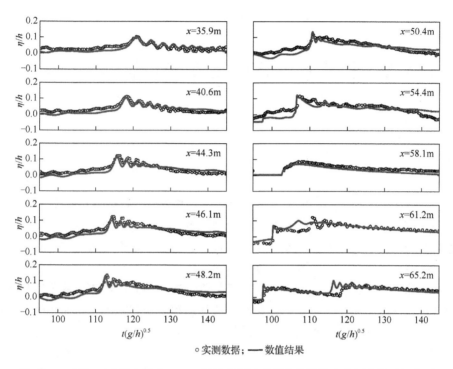

○ 实测数据；—— 数值结果

图 3.38　$A/h = 0.5$ 孤立波在 1∶12 斜坡和裸露礁顶上传播的自由面高程时间序列

第4章　基于浸入式边界法的非静压水波模型

4.1　概　　述

在实际的自然世界中，各种各样的物体都有其界面，如水面、物体的表面等。当两个界面强烈作用时，会产生复杂的物理现象，如快速运动的空气界面（风）和树叶相遇时，会让树叶振动从而发出声音。界面可以是刚性的，在运动过程中一直不变形；也可以是柔性的，会受到周围环境的影响发生变形。

在流体力学中，无论是理论分析还是数值计算，如何描述和求解流体和界面耦合作用问题一直是一个强有力的挑战。流体运动会受到物体界面的作用而发生改变，同时物体界面也会受到流体运动施加流体力的影响。从宏观上来说，人类的生存环境就是一个流体的环境，我们日常接触的大气和水都属于流体，在日常生活中，时刻都在发生流体和物体界面耦合的问题。因此，关于流体和界面耦合的计算就成为一个非常重要且基础的问题。但是，如何用数值模拟的方法解决流体和界面耦合问题一直是流体动力学的研究重点。对于一个边界复杂的界面，传统的方法是在贴体网格背景下（图4.1）建立一个复杂的网格系统来代替这个界面，如果这个界面不断变化，则需要在每个时间步不断改变网格来适应边界的变化，这给计算带来了极大的难度。

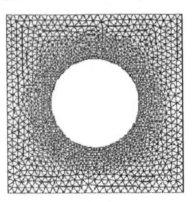

图 4.1　贴体网格

为了解决此问题，浸入边界法（immersed boundary method）应运而生。其基本思想是将界面作用力等效成流体控制方程（Navier-Stokes 方程）中的体积力，并使用简单的笛卡儿网格（图 4.2）就能有效避开复杂网格生成的困难。Peskin（1972）对于模拟人类心脏中的血液流动首次提出浸入边界法。在他的开创性工作中，浸入边界法是建立在不可压缩的 Navier-Stokes 方程中的，同时，物体被视为无质量、无体积的弹性体。浸入边界的影响用体积力来衡量，其中，体积力通过弹性边界的变形计算，而弹性边界的变形则通过胡克定律计算。在该方法中，物体边界具有弹性，需要定义界面的弹性属性才能使用，这就使得该方法不适合求解刚性界面的问题。Beyer 和 Le Veque（1992）改善了此方法，通过引入较大的弹性常数（大刚度）使得浸入边界法可用于模拟流体和刚体界面的问题。De Palma 等（2006）首次使用浸入边界法模拟可压缩流体的问题。和之前不一样的是，体积力的计算方法使用的是直接力方法（Fadlun et al.，2000）。随后，Ghias 等（2007）使用浸入边界法解决了亚音速可压缩流问题。Tran 和 Plourde（2014）使用可压缩的浸入边界法模拟了高超音速流的问题。随后，Sandhu 等（2018）拓展了该方法，并用于超音速湍流的模拟。经过几十年的发展，浸入边界法在原有基础上不断拓展并完善，形成了不同的浸入边界法。基于体积力的求解方法可以把这些方法归于两类，一种是连续力法，另一种是直接力法。连续力法中体积力满足某种特定的力学关系式，具有解析表达式；而直接力法中体积力由离散后的控制方程求出，一般无法获得其解析表达式。

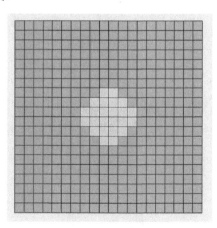

图 4.2　笛卡儿网格

4.2　数值离散方法

本节将对结合浸入式边界法的非静压水波模型（NHDUT-IBModel）的数值离

散过程进行介绍。关于该模型的诸多细节可参见相关文献（Ai et al.，2019a；Ma et al.，2019；Ai et al.，2018）。

4.2.1 半离散的控制方程

控制方程仍然基于分层式的结构化网格系统离散，只是在垂向采用广义贴体坐标系统来离散计算域（图4.3）。该贴体坐标系统的水平分层采用如下方式定义：

$$z_{k+1/2} = \begin{cases} z_f + (k - k_f)[\eta(x,y,t) - z_f] / (N_z - k_f) & k > k_f \\ z_f & k = k_f \\ -h(x,y) + k[z_f + h(x,y)] / k_f & k < k_f \end{cases} \quad (4.1)$$

式中，z_f 和 k_f 为预定义的固定水平分层线及其索引。可以看出，式（4.1）定义的垂向网格系统具备贴体坐标的特点。固定水平分层线 z_f 可以定义为时间的函数。位于 z_f 以下的网格分层线只是水平位置的函数，不随时间变化。采用式（4.1）定义垂向网格系统，可以通过设置 z_f 避免在执行浸入边界法时引入较大的插值误差，而这种插值误差在传统的贴体坐标网格体系中通常较大。

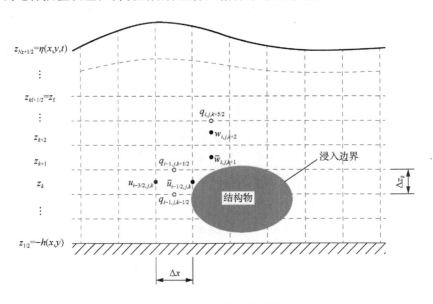

图 4.3　广义贴体坐标系统

基于式（4.1）的垂向网格系统，沿垂向从 $z_{k-1/2}$ 到 $z_{k+1/2}$ 积分控制方程式（2.20）和式（2.21）可得如下半离散的控制方程：

$$\frac{\partial \Delta z_k}{\partial t} + \frac{\partial (\Delta z u)_k}{\partial x} + \frac{\partial (\Delta z v)_k}{\partial y} + \omega_{k+1/2} - \omega_{k-1/2} = 0 \quad (4.2)$$

$$\frac{\partial(\Delta zu)_k}{\partial t} + \frac{\partial(\Delta zuu)_k}{\partial x} + \frac{\partial(\Delta zuv)_k}{\partial y} + \omega_{k+1/2}u_{k+1/2} - \omega_{k-1/2}u_{k-1/2}$$

$$+ g\Delta z_k\frac{\partial\eta}{\partial x} + \Delta z_k\frac{\partial q}{\partial x} = \Delta z_k\nu_t\left(\frac{\partial^2 u}{\partial x^2} + \frac{\partial^2 u}{\partial y^2} + \frac{\partial^2 u}{\partial z^2}\right) \qquad (4.3)$$

$$\frac{\partial(\Delta zv)_k}{\partial t} + \frac{\partial(\Delta zuv)_k}{\partial x} + \frac{\partial(\Delta zvv)_k}{\partial y} + \omega_{k+1/2}v_{k+1/2} - \omega_{k-1/2}v_{k-1/2}$$

$$+ g\Delta z_k\frac{\partial\eta}{\partial y} + \Delta z_k\frac{\partial q}{\partial y} = \Delta z_k\nu_t\left(\frac{\partial^2 v}{\partial x^2} + \frac{\partial^2 v}{\partial y^2} + \frac{\partial^2 v}{\partial z^2}\right) \qquad (4.4)$$

$$\frac{\partial(\Delta zw)_k}{\partial t} + \frac{\partial(\Delta zuw)_k}{\partial x} + \frac{\partial(\Delta zvw)_k}{\partial y} + \omega_{k+1/2}w_{k+1/2} - \omega_{k-1/2}w_{k-1/2}$$

$$+ \Delta z_k\frac{\partial q}{\partial z} = \Delta z_k\nu_t\left(\frac{\partial^2 w}{\partial x^2} + \frac{\partial^2 w}{\partial y^2} + \frac{\partial^2 w}{\partial z^2}\right) \qquad (4.5)$$

式中，$\Delta z_k = z_{k+1/2} - z_{k-1/2}$，为该分层的厚度；$\omega_{k+1/2}$ 为相对于 $z_{k+1/2}$ 的垂向速度。对于 $k \leqslant k_{\mathrm{f}}$，$\omega_{k+1/2} = w_{k+1/2}$。

式（4.3）～式（4.5）中的时间导数项可视为是由层厚变化和速度改变两部分引起的。以 $\dfrac{\partial(\Delta zu)_k}{\partial t}$ 为例：

$$\frac{\partial(\Delta zu)_k}{\partial t} = \Delta z_k\frac{\partial u_k}{\partial t} + u_k\frac{\partial \Delta z_k}{\partial t}$$

$$= \Delta z_k\frac{\partial u_k}{\partial t} - u_k\left[\frac{\partial(\Delta zu)_k}{\partial x} + \frac{\partial(\Delta zv)_k}{\partial y} + \omega_{k+1/2} - \omega_{k-1/2}\right] \qquad (4.6)$$

将式（4.6）代入式（4.3），经过整理后，可得如下关于 u 的表达式：

$$\frac{\partial u_k}{\partial t} + \mathrm{Adv}(u_k) = -g\frac{\partial\eta}{\partial x} - \frac{\partial q}{\partial x} \qquad (4.7)$$

式中，$\mathrm{Adv}(u_k)$ 为关于 u_k 的对流项，可以表达成如下形式：

$$\mathrm{Adv}(u_k) = \frac{1}{\Delta z_k}\left[\frac{\partial(\Delta zuu)_k}{\partial x} + \frac{\partial(\Delta zuv)_k}{\partial y}\right] - \frac{u_k}{\Delta z_k}\left[\frac{\partial(\Delta zu)_k}{\partial x} + \frac{\partial(\Delta zv)_k}{\partial y}\right]$$

$$+ \frac{\omega_{k+1/2}}{\Delta z_k}(u_{k+1/2} - u_k) - \frac{\omega_{k-1/2}}{\Delta z_k}(u_{k-1/2} - u_k) \qquad (4.8)$$

类似地，式（4.4）和式（4.5）也可以表达成如下形式：

$$\frac{\partial v_k}{\partial t} + \mathrm{Adv}(v_k) = -g\frac{\partial\eta}{\partial y} - \frac{\partial q}{\partial y} \qquad (4.9)$$

$$\frac{\partial w_k}{\partial t} + \mathrm{Adv}(w_k) = -\frac{\partial q}{\partial z} \qquad (4.10)$$

式中，$\mathrm{Adv}(v_k)$ 和 $\mathrm{Adv}(w_k)$ 分别是关于 v_k 和 w_k 的对流项，可以写成如下形式：

$$\mathrm{Adv}(v_k) = \frac{1}{\Delta z_k}\left[\frac{\partial(\Delta z uv)_k}{\partial x} + \frac{\partial(\Delta z vv)_k}{\partial y}\right] - \frac{v_k}{\Delta z_k}\left[\frac{\partial(\Delta z u)_k}{\partial x} + \frac{\partial(\Delta z v)_k}{\partial y}\right]$$

$$+ \frac{\omega_{k+1/2}}{\Delta z_k}(v_{k+1/2} - v_k) - \frac{\omega_{k-1/2}}{\Delta z_k}(v_{k-1/2} - v_k) \qquad (4.11)$$

$$\mathrm{Adv}(w_k) = \frac{1}{\Delta z_k}\left[\frac{\partial(\Delta z uw)_k}{\partial x} + \frac{\partial(\Delta z vw)_k}{\partial y}\right] - \frac{w_k}{\Delta z_k}\left[\frac{\partial(\Delta z u)_k}{\partial x} + \frac{\partial(\Delta z v)_k}{\partial y}\right]$$

$$+ \frac{\omega_{k+1/2}}{\Delta z_k}(w_{k+1/2} - w_k) - \frac{\omega_{k-1/2}}{\Delta z_k}(w_{k-1/2} - w_k) \qquad (4.12)$$

式（4.7）、式（4.9）和式（4.10）中的对流项采用一阶迎风与中心差分相结合的方式离散。

4.2.2　动量方程的离散

忽略非静压项求解动量方程式（4.7）、式（4.9）和式（4.10）可得如下计算临时速度 $u_{i+1/2,j,k}^{n+1/2}$、$v_{i,j+1/2,k}^{n+1/2}$ 和 $w_{i,j,k}^{n+1/2}$ 的表达式：

$$\frac{u_{i+1/2,j,k}^{n+1/2} - u_{i+1/2,j,k}^{n}}{\Delta t} + \mathrm{Adv}(u_{i+1/2,j,k}^{n}) = -g\frac{\eta_{i+1,j,k}^{n} - \eta_{i,j,k}^{n}}{\Delta x} \qquad (4.13)$$

$$\frac{v_{i,j+1/2,k}^{n+1/2} - v_{i,j+1/2,k}^{n}}{\Delta t} + \mathrm{Adv}(v_{i,j+1/2,k}^{n}) = -g\frac{\eta_{i,j+1,k}^{n} - \eta_{i,j,k}^{n}}{\Delta y} \qquad (4.14)$$

$$\frac{w_{i,j,k}^{n+1/2} \quad w_{i,j,k}^{n}}{\Delta t} + \mathrm{Adv}(w_{i,j,k}^{n}) = 0 \qquad (4.15)$$

考虑到非静压项和浸入边界作用力的影响，对临时速度进行修正可得如下新时刻的速度 $u_{i+1/2,j,k}^{n+1}$、$v_{i,j+1/2,k}^{n+1}$ 和 $w_{i,j,k}^{n+1}$：

$$\frac{u_{i+1/2,j,k}^{n+1} - u_{i+1/2,j,k}^{n+1/2}}{\Delta t} = -\left(\frac{\partial q}{\partial x}\right)_{i+1/2,j,k}^{n+1} + (f_{\mathrm{IBF}})_{i+1/2,j,k} \qquad (4.16)$$

$$\frac{v_{i,j+1/2,k}^{n+1} - v_{i,j+1/2,k}^{n+1/2}}{\Delta t} = -\left(\frac{\partial q}{\partial y}\right)_{i,j+1/2,k}^{n+1} + (f_{\mathrm{IBF}})_{i,j+1/2,k} \qquad (4.17)$$

$$\frac{w_{i,j,k}^{n+1} - w_{i,j,k}^{n+1/2}}{\Delta t} = -\left(\frac{\partial q}{\partial z}\right)_{i,j,k}^{n+1} + (f_{\mathrm{IBF}})_{i,j,k} \qquad (4.18)$$

式（4.16）和式（4.17）中的非静压梯度项采用中心差分来离散；$(f_{\mathrm{IBF}})_{i+1/2,j,k}$、$(f_{\mathrm{IBF}})_{i,j+1/2,k}$ 和 $(f_{\mathrm{IBF}})_{i,j,k}$ 为施加在结构物边界上的浸入边界力，采用如下的直接力法来确定：

$$(f_{\mathrm{IBF}})_{i+1/2,j,k} = \begin{cases} \dfrac{\hat{u}_{i+1/2,j,k}^{n+1} - u_{i+1/2,j,k}^{n+1/2}}{\Delta t} + \left(\dfrac{\partial q}{\partial x}\right)_{i+1/2,j,k}^{n+1} & \text{浸入边界上} \\ 0 & \text{其他} \end{cases} \qquad (4.19)$$

$$(f_{\text{IBF}})_{i,j+1/2,k} = \begin{cases} \dfrac{\widehat{v}_{i,j+1/2,k}^{n+1} - v_{i,j+1/2,k}^{n+1/2}}{\Delta t} + \left(\dfrac{\partial q}{\partial y}\right)_{i,j+1/2,k}^{n+1} & \text{浸入边界上} \\ 0 & \text{其他} \end{cases} \quad (4.20)$$

$$(f_{\text{IBF}})_{i,j,k} = \begin{cases} \dfrac{\widehat{w}_{i,j,k}^{n+1} - w_{i,j,k}^{n+1/2}}{\Delta t} + \left(\dfrac{\partial q}{\partial z}\right)_{i,j,k}^{n+1} & \text{浸入边界上} \\ 0 & \text{其他} \end{cases} \quad (4.21)$$

式（4.19）～式（4.21）中的 $\widehat{u}_{i+1/2,j,k}^{n+1}$、$\widehat{v}_{i,j+1/2,k}^{n+1}$ 和 $\widehat{w}_{i,j,k}^{n+1}$ 为浸入边界速度，用线性插值方法（Fadlun et al.，2000）来确定在结构物表面施加无滑移的边界条件。

4.2.3　连续方程以及自由表面运动方程的离散

考虑到变量的定义（图 4.3），连续方程（2.20）可以离散为如下形式。

对于底层，$k=1$：

$$\frac{u_{i+1/2,j,1}^{n+1} - u_{i-1/2,j,1}^{n+1}}{\Delta x} + \frac{v_{i,j+1/2,1}^{n+1} - v_{i,j-1/2,1}^{n+1}}{\Delta y} + \frac{w_{i,j,1}^{n+1}}{\Delta z_{i,j,1/2}} = 0 \quad (4.22)$$

对于其他分层，$2 \leqslant k \leqslant N_z$：

$$\frac{(u_{i+1/2,j,k}^{n+1} + u_{i+1/2,j,k-1}^{n+1}) - (u_{i-1/2,j,k}^{n+1} + u_{i-1/2,j,k-1}^{n+1})}{2\Delta x}$$

$$+ \frac{(v_{i,j+1/2,k}^{n+1} + v_{i,j+1/2,k-1}^{n+1}) - (v_{i,j-1/2,k}^{n+1} + v_{i,j-1/2,k-1}^{n+1})}{2\Delta y} + \frac{w_{i,j,k}^{n+1} - w_{i,j,k-1}^{n+1}}{\Delta z_{i,j,k-1/2}} = 0 \quad (4.23)$$

式中，$\Delta z_{i,j,1/2} = \Delta z_{i,j,1}/2$；$\Delta z_{i,j,k-1/2} = \left(\Delta z_{i,j,k-1} + \Delta z_{i,j,k}\right)/2$。

自由表面运动方程（3.7）采用有限体积法可以离散为

$$\frac{\eta_{i,j}^{n+1} - \eta_{i,j}^{n}}{\Delta t} + \frac{1}{\Delta x}\left(\sum_{k=1}^{N_z}\Delta z_{i+1/2,j,k}u_{i+1/2,j,k}^{n+1} - \sum_{k=1}^{N_z}\Delta z_{i-1/2,j,k}u_{i-1/2,j,k}^{n+1}\right)$$

$$+ \frac{1}{\Delta y}\left(\sum_{k=1}^{N_z}\Delta z_{i,j+1/2,k}v_{i,j+1/2,k}^{n+1} - \sum_{k=1}^{N_z}\Delta z_{i,j-1/2,k}v_{i,j-1/2,k}^{n+1}\right) = 0 \quad (4.24)$$

4.2.4　泊松方程

将式（4.16）～式（4.18）分别代入式（4.22）和式（4.23），同时考虑到自由表面零压力边界条件，可以得到如下计算非静压项的泊松方程：

$$\boldsymbol{A}\boldsymbol{q} = \boldsymbol{b} \quad (4.25)$$

式中，$\boldsymbol{A}$ 为稀疏系数矩阵；$\boldsymbol{q}$ 为求解的非静压项；$\boldsymbol{b}$ 为与显式和临时速度相关的已知矢量。稀疏系数矩阵 $\boldsymbol{A}$ 在底层至多包含 10 个非零对角元，在其他层至多有 15 个非零元。

4.2.5 求解流程

NHDUT-IBModel 的求解流程如下。

（1）求解方程式（4.13）～式（4.15），计算临时速度 $u_{i+1/2,j,k}^{n+1/2}$、$v_{i,j+1/2,k}^{n+1/2}$ 和 $w_{i,j,k}^{n+1/2}$。

（2）求解泊松方程（4.25）计算非静压项 q。

（3）求解方程式（4.16）～式（4.18），更新临时速度以获得新时刻的速度 $u_{i+1/2,j,k}^{n+1}$、$v_{i,j+1/2,k}^{n+1}$ 和 $w_{i,j,k}^{n+1}$。

（4）采用有限体积法离散式（4.2），求解离散后的方程同时考虑到 $\omega_{i,j,N_z+1/2}^{n+1}=0$，以获得相对分层网格线的速度 $\omega_{i,j,k+1/2}^{n+1}$。

（5）求解方程（4.24），计算新时刻自由表面的位置。

4.3　波浪与水下结构物的相互作用

4.3.1　孤立波与水下浅堤的相互作用

当孤立波遇到水下浅堤，浅堤上下游都会出现旋涡结构，且旋涡都会持续很长时间。这种问题更适合于验证数值模型求解建筑物周围涡流相关的流场问题的能力，而且已得到广泛的数值研究（Ai and Jin，2010；Lin，2006；Ma et al.，2016；Chang et al.，2001；Zhao et al.，2016）。

图 4.4 为孤立波在水下浅堤上传播的示意图。静水深 $h=0.228\mathrm{m}$。孤立波波高 $H=0.069\mathrm{m}$，其波峰位于浅堤左侧被指定为初始条件的位置。浅堤的高 $D=h/2=0.114\mathrm{m}$，长 $L=0.381\mathrm{m}$。如图 4.5 所示，浅堤后面放置两个速度测量点：点 1，底面上方 0.04m，浅堤下游 0.034m 处；点 2，点 1 上方 0.017m。为了离散计算域，选取 0.0025m 的均匀水平网格，在垂向边界适应的网格系统中，垂向分 10 层，取 $z_{\mathrm{f}}=-0.057\mathrm{m}$、$k_{\mathrm{f}}=30$。时间步长取 0.001s。

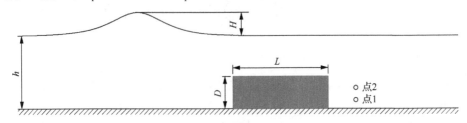

图 4.4　孤立波在水下浅堤上传播的示意图

图 4.5 为本书的非静压模型计算结果、Chang 等（2001）基于 VOF 方法的 Navier-Stokes 方程模型结果，以及 Zhuang 和 Lee（1996）的试验数据中水平速度

和垂直速度的时间历程的比较。其中，基于 VOF 方法的 Navier-Stokes 方程模型采用了 k-ε 湍流模型。结果表明，非静压模型结果与基于 VOF 方法的模型结果类似，与试验数据基本吻合。这说明非静压模型能够很好地预测浅堤下游产生的旋涡。为进一步显示浅堤上下游涡流相关的流场，图 4.6 描绘了计算出的在几个代表性时间浅堤周围的速度场和相应的自由表面轮廓。在图 4.6（a）中，当孤立波接近浅堤时，浅堤左上角会产生一个旋涡。从图 4.6（b）中可以发现，当波峰位于浅堤后角的上方时，浅堤后面才形成旋涡。在图 4.6（c）～（e）中，孤立波逐渐离开该区域，两个旋涡的大小逐渐增大。

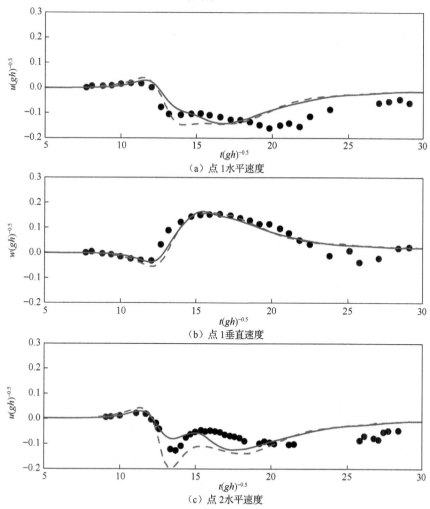

（a）点 1 水平速度

（b）点 1 垂直速度

（c）点 2 水平速度

图 4.5　本书非静压模型结果、基于 VOF 方法的模型结果与试验数据中水平速度和垂直速度在两点处时间历程的比较

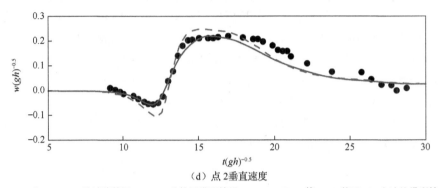

（d）点2垂直速度

● Zhuang和Lee(1996)的试验数据；————非静压模型结果；——·Chang等(2001)基于VOF方法的模型结果

图 4.5（续）

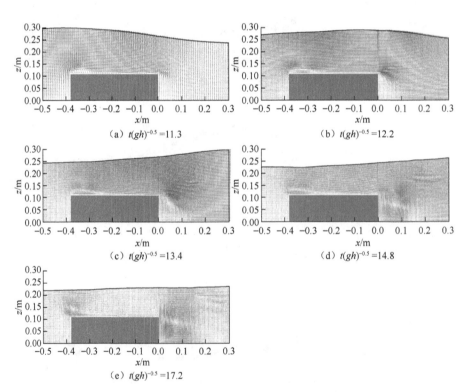

（a）$t(gh)^{-0.5}=11.3$　　　　　　　　（b）$t(gh)^{-0.5}=12.2$

（c）$t(gh)^{-0.5}=13.4$　　　　　　　　（d）$t(gh)^{-0.5}=14.8$

（e）$t(gh)^{-0.5}=17.2$

图 4.6　几个代表性时间浅堤周围的速度场和相应的自由表面轮廓

4.3.2　孤立波与水下平板的相互作用

　　一些数值模型已经对波浪与水下平板的相互作用问题进行了研究，包括势流模型（Liu et al.，2009）、格林-纳格迪（Green-Naghdi，GN）模型（Hayatdavoodi and Ertekin，2015a，2015b）和 VOF 模型（Lo and Liu,2014；Seiffert et al.，2014；Hayatdavoodi et al.，2015）。我们给出了用改进的非静压模型得到的数值结果，利用 Lo 和 Liu（2014）进行的实验室数据对本模型进行验证。图 4.7 为试验装置和测量位置。静水深 $d = 0.2\text{m}$，水平板长 $L = 1.156\text{m}$，厚 $\delta = 0.01\text{m}$。在数值模拟中考虑了两种工况，即工况 2 和工况 8，其板高 d' 分别为 0.1m 和 0.05m。入射的孤立波的波高 $H_0 = 0.02\text{m}$；有效波长 $\lambda = \dfrac{2\pi}{K} = 4.589\text{m}$，其中 $K = \sqrt{\dfrac{3H_0}{4d^3}}$。计算域在 $0 \leqslant x \leqslant 11\text{m}$ 的范围内。根据 Lo 和 Liu（2014）的模型试验，水平网格间距 $\Delta x = 0.004\text{m}$，时间步长 $\Delta t = 0.001\text{s}$。考虑到板的厚度较小，在垂向网格系统中，垂向分 100 层，取 $z_\text{f} = -0.04\text{m}$、$k_\text{f} = 80$。

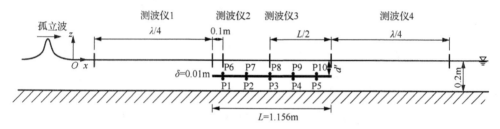

图 4.7　孤立波与水下平板的相互作用试验装置和测量位置示意图

图 4.8 和图 4.9 分别为工况 2 和工况 8 中自由面高程的非静压模型数值结果和实测数据的比较，$t' / T_0 = 0$ 对应于波峰通过测波仪 2 的时间，其中 $T_0 = \lambda / c$ 为有效波周期，$c = \sqrt{g(H_0 + d)}$。由康奈尔破碎波浪与结构物（Cornell breaking waves and structures，COBRAS）模型（Hsu et al.，2002；Losada et al.，2008）获得的公开结果也在图 4.8 和图 4.9 中进行了对比。COBRAS 模型也使用 VOF 方法跟踪自由表面求解 Navier-Stokes 方程，但是在模拟中没有考虑湍流模型。本模型结果与 COBRAS 模型的结果非常相似，并且与试验数据基本吻合。

图 4.10 为工况 2 中平板周围的标准化压力的实测值和两个模型计算值的时间历程。p_t 和 p_b 分别是平板顶部和平板下表面的压力。两个模型的结果非常相似，但是与 COBRAS 模型相比，非静压模型计算的压力峰值偏小，可能是由于本研究采用了湍流模型。两个模型的计算结果都准确地刻画了实测数据的整体轮廓，但是与自由面高程的偏差相比，压力计算结果与实测数据的偏差较大。正如 Lo 和 Liu（2014）指出的那样，出现这种偏差的最可能原因是试验中使用的压力传感器的灵敏度相对较低。

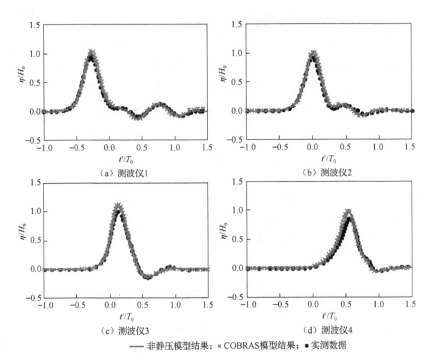

图 4.8　工况 2 中非静压模型、COBRAS 模型的自由面高程与实测数据之间的比较

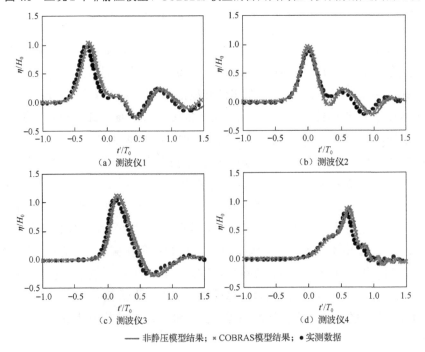

图 4.9　工况 8 中非静压模型、COBRAS 模型的自由面高程与实测数据之间的比较

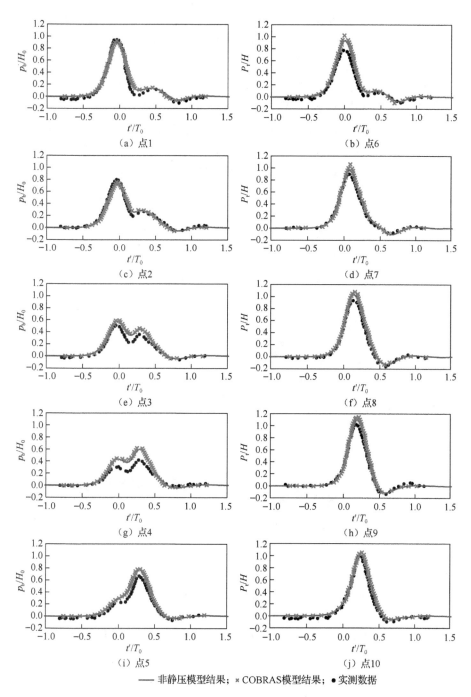

（a）点1　　　　　　　　　　（b）点6

（c）点2　　　　　　　　　　（d）点7

（e）点3　　　　　　　　　　（f）点8

（g）点4　　　　　　　　　　（h）点9

（i）点5　　　　　　　　　　（j）点10

—— 非静压模型结果；× COBRAS模型结果；● 实测数据

图 4.10　工况 2 中非静压模型、COBRAS 模型的标准化压力值与实测数据之间的比较

图4.11和图4.12分别为工况2和工况8中垂向力和力矩的计算值与实测数据的比较。力矩是围绕平板的中心测量的，取逆时针方向为正。F_z 和 M_c 分别是沿着平板长度方向施加的垂向力和力矩，并用 $F_0 = \rho g H_0 L$ 和 $M_0 = F_0 L / 2$ 进行标准化。在板的左边缘上方观察到顺时针旋涡 [图4.13（a）和（b）]。图4.13表明工况2中的平板左边缘周围的速度场与工况8非常相似。在平板的左边缘附近，顺时针涡流首先在平板上方形成，逐渐发展并最终消失，在平板下方产生反向旋涡并持续很长时间。同样，非静压模型的结果与COBRAS模型的结果是一致的，计算出的垂向力在板的右边缘附近产生逆时针旋涡 [图4.14（a）和（b）]。

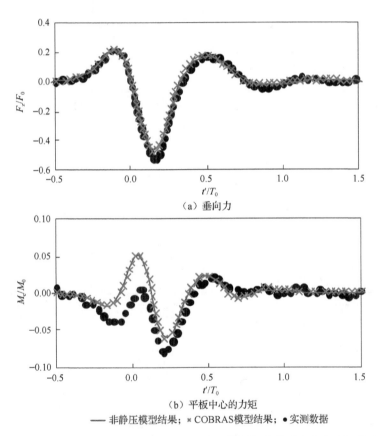

（a）垂向力

（b）平板中心的力矩

—— 非静压模型结果；× COBRAS模型结果；● 实测数据

图4.11　工况2中非静压模型、COBRAS模型标准化垂向力和力矩的
计算结果与实测数据之间的比较

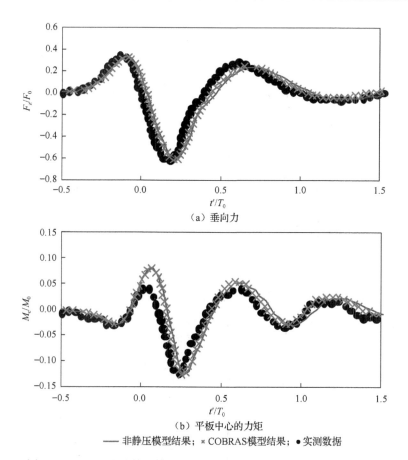

（a）垂向力

（b）平板中心的力矩

——非静压模型结果；✕COBRAS模型结果；●实测数据

图 4.12　工况 8 中非静压模型、COBRAS 模型标准化垂向力和力矩的
计算结果与实测数据之间的比较

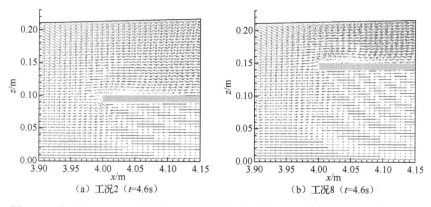

（a）工况2（t=4.6s）　　　　　　　　　　　（b）工况8（t=4.6s）

图 4.13　在 t 为 4.6～5.5s 的时间内，计算出的两种工况下板左边缘附近的速度场

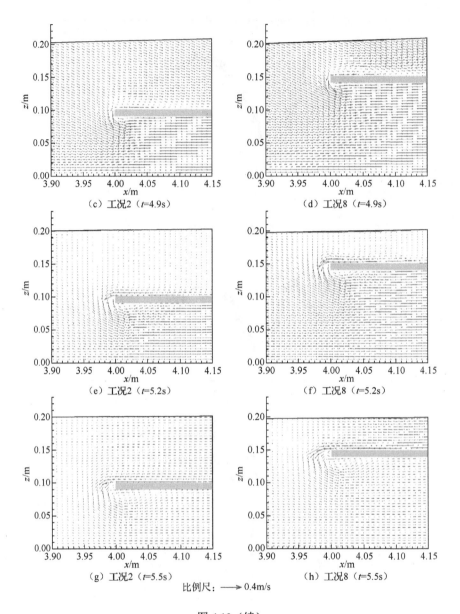

（c）工况2（t=4.9s）　　　　　　　　　　（d）工况8（t=4.9s）

（e）工况2（t=5.2s）　　　　　　　　　　（f）工况8（t=5.2s）

（g）工况2（t=5.5s）　　　　　　　　　　（h）工况8（t=5.5s）

比例尺：⟶ 0.4m/s

图4.13（续）

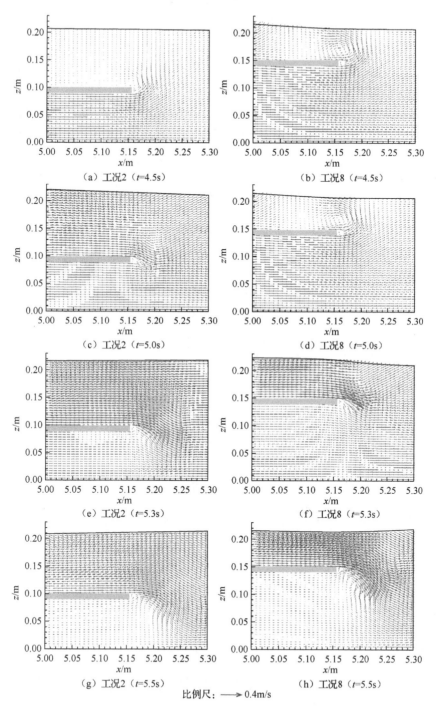

（a）工况2（t=4.5s）　　　　　　　　　　（b）工况8（t=4.5s）

（c）工况2（t=5.0s）　　　　　　　　　　（d）工况8（t=5.0s）

（e）工况2（t=5.3s）　　　　　　　　　　（f）工况8（t=5.3s）

（g）工况2（t=5.5s）　　　　　　　　　　（h）工况8（t=5.5s）

比例尺：——▶ 0.4m/s

图 4.14　在 t 为 4.5~5.5s 的时间内，计算出的两种工况下板右边缘附近的速度场

　　值得注意的是，图 4.14（a）和（b）所示的板右上角附近的逆时针涡流，在相似工况下，在粒子图像测速（particle image velocimetry，PIV）的测量结果中并没有出现（Lo and Liu，2014）。此外，在两种工况下，板的两个边缘附近的旋涡演变与 PIV 测量的数据非常相似。

　　图 4.15 表明在两种工况下，板边缘下游的顺时针大旋涡持续存在，并在板的右上角附近产生一个小的反向旋涡。工况 8 中的顺时针旋涡始终比工况 2 中的强。$t=6.7\text{s}$ 时，工况 2 形成反向旋涡 ［图 4.15（c）］，但工况 8 却未观察到 ［图 4.15（d）］。对于工况 8，恰好在 $t=7.0\text{s}$ 之后产生了反向旋涡 ［图 4.15（f）和（h）］。对于工况 8，这种小的反向涡流也比工况 2 强得多 ［图 4.15（g）和（h）］。

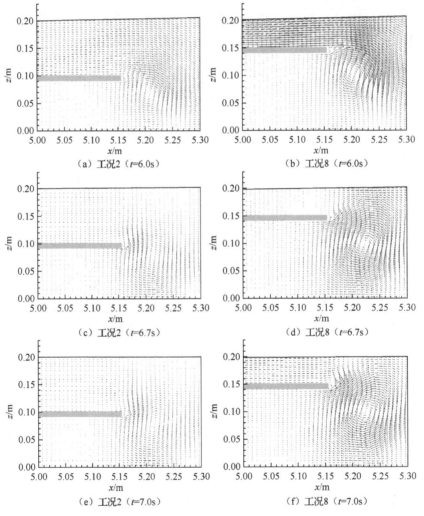

图 4.15　在 t 为 6.0～7.5s 的时间内，计算出的两种工况中板右边缘附近的速度场

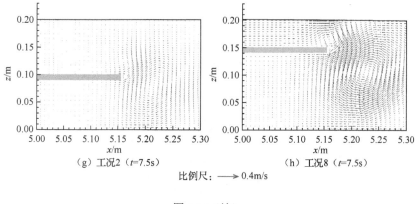

（g）工况2（t=7.5s）　　　　　　　　　（h）工况8（t=7.5s）

比例尺：⟶ 0.4m/s

图 4.15（续）

4.3.3　椭圆余弦波与水下平板的相互作用

在本试验中，波浪水槽的长度为 7.0m，静水深 $h = 0.071\text{m}$。波高与水深之比 $H / h = 0.3$，水下平板的长度 $B = 0.305\text{m}$，宽度 $L_\text{p} = 0.0149\text{m}$，厚度 $t_\text{p} = 0.0127\text{m}$。板的淹没深度 $d = 0.0426\text{m}$（从板顶部到静水表面）。如图 4.16 所示，测波仪分别放置在板前缘向上的两倍板长处（测波仪 1）、一倍板长处（测波仪 2）以及板后缘向下的两倍板宽处（测波仪 3）。

在非静压模型计算中，水平网格间距 $\Delta x = 0.005\text{m}$，垂直网格间距 $\Delta z = 0.0025\text{m}$。采用 Hayatdavoodi 等（2015）发表的 OpenFOAM 结果进行比较。值得注意的是，OpenFOAM 的结果是通过更精细的网格计算得到的。图 4.17 为水平和垂直方向上的表面高程和无量纲力的比较。二维力按如下比例缩放：

$$\overline{F_x} = \frac{F_\text{h}}{\rho_\text{w} g h t_\text{p} L_\text{p}} \tag{4.26}$$

$$\overline{F_z} = \frac{F_\text{v}}{\rho_\text{w} g h t_\text{p} L_\text{p}} \tag{4.27}$$

式中，F_h 和 F_v 分别表示水平力和垂向力。

本书的非静压模型计算出的表面高程和波浪力与 OpenFOAM 计算结果吻合较好。两个模型计算出的表面高程和垂直波浪力与实测值吻合较好。但是这两种模型都低估了水平波浪力。

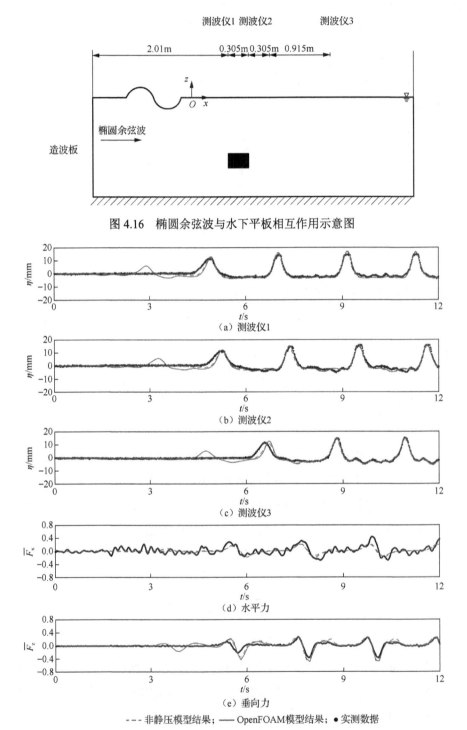

图 4.16　椭圆余弦波与水下平板相互作用示意图

图 4.17　非静压模型、OpenFOAM 模型计算的表面高程和力（无量纲）与实测数据之间的比较

4.3.4　孤立波与近岸桥面的相互作用

为了研究海啸在近岸桥面上引起的载荷，VOF 模型（Hayatdavoodi et al., 2014；Seiffert et al., 2015）和 SPH 模型（Sarfaraz and Pak，2017）已经被用于研究波浪与近岸桥面的相互作用。这里我们使用 Hayatdavoodi 等（2014）提供的试验数据来验证开发的模型。

图 4.18 为试验装置和测量位置。静水深 $d = 8.6 \, \text{cm}$。无量纲淹没深度为 $z'/d = 0.2$，其中 z' 为静水位与桥面之间的距离。近岸桥面的详细尺寸如图 4.18 所示。孤立波的无量纲波高为 $H_0/d = 0.287$。计算域的范围为 $0 \leqslant x \leqslant 9.14\text{m}$。水平网格间距 $\Delta x = 0.002\text{m}$，时间步长 $\Delta t = 0.001\text{s}$。为了准确实现浸没边界法，使用 72 层构造垂直网格系统，取 $z_f = -0.016\text{m}$ 和 $k_f = 70$。

图 4.18　孤立波与带有梁的近岸桥面的相互作用试验装置和测量位置示意图

图 4.19 将两个模型的结果与实测数据进行比较。由 Hayatdavoodi 等（2014）发表的 OpenFOAM 的结果是通过关闭湍流模型获得的。非静压模型结果的时间轴已经偏移，使峰值波峰与实测数据相吻合。图 4.19（a）表明，非静压模型预测的入射波幅度与 OpenFOAM 的结果非常接近，而且总体上两个模型的结果与试验数据吻合较好。在最后两个测量位置，两个模型计算的传输波的振幅偏大。然而，非静压模型比 OpenFOAM 表现得更好。正如 Hayatdavoodi 等（2014）所指出的，实验室中测得的较小的传输波部分归因于波箱中的衰减。与 OpenFOAM 结果相比，非静压模型预测的传输波更小。造成这种情况的主要原因之一可能是由于在本研究中采用了湍流模型。

图 4.20 将两个模型计算出的波浪力与实测数据进行了比较。非静压模型计算的水平力最大值偏小。总的来说，非静压模型计算的垂向最大正负力与实测数据和 OpenFOAM 结果非常吻合。

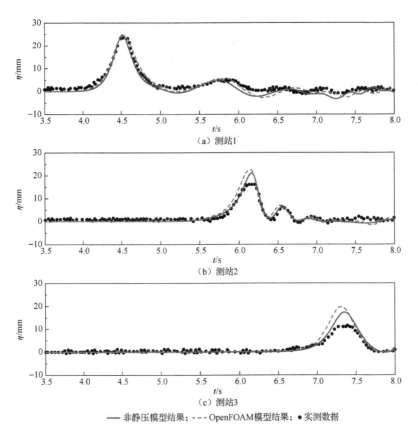

（a）测站1

（b）测站2

（c）测站3

—— 非静压模型结果；- - - OpenFOAM模型结果；● 实测数据

图 4.19　非静压模型、OpenFOAM 模型计算的自由面高程与实测数据之间的比较

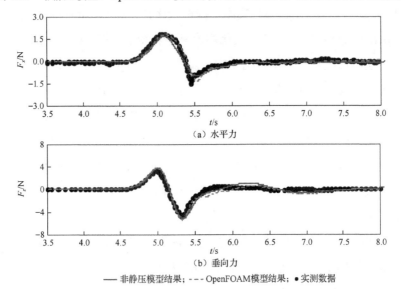

（a）水平力

（b）垂向力

—— 非静压模型结果；- - - OpenFOAM模型结果；● 实测数据

图 4.20　非静压模型、OpenFOAM 模型计算的水平力和垂向力与实测数据之间的比较

　　图 4.21 和图 4.22 为孤立波经过近岸桥面时,通过非静压模型计算出的速度场和相应的水面高程。当波浪通过近岸桥面时，梁与梁之间产生旋涡。图 4.22 表明，在时间 $t = 5.25\text{s}$ 时，波峰刚到达桥面，在最右梁附近形成了逆时针旋涡。当 $t = 5.35\text{s}$ 时，波峰接近桥面的右边缘，旋涡变大。然后，随着波峰离开桥面，这个逆时针旋涡在相反的方向上引起了两个旋涡，这些涡流在桥面背风面徘徊 [图 4.22（c）和（d）]。

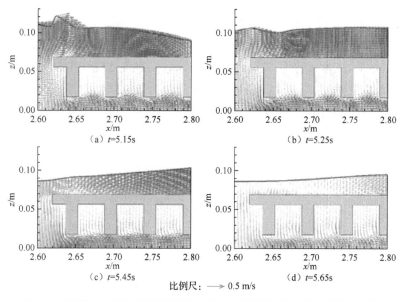

图 4.21　当孤立波经过近岸桥面时，非静压模型计算出的左侧的速度场

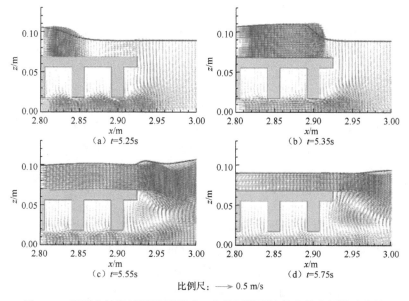

图 4.22　当孤立波经过近岸桥面时，非静压模型计算出的右侧的速度场

4.4　波浪与浮式结构物的相互作用

4.4.1　孤立波与浮式方箱的相互作用

由 Lin（2006）设计的第一个关于孤立波与浮式结构物之间相互作用的试验，已经被其他非静压模型成功地计算出了自由面高程结果（Lin，2006；Rijnsdorp and Zijlema，2016）。在本试验中，静水深 $d = 1.0\text{m}$，入射孤立波波高 $H_0 = 1.0\text{m}$。x 方向上的计算域范围为 0～100m。漂浮在水面上的方箱宽 0.5m，厚 0.6m。箱体的中心位于（32.5m，-0.1m）。图 4.23 为孤立波与浮式方箱作用的示意图。

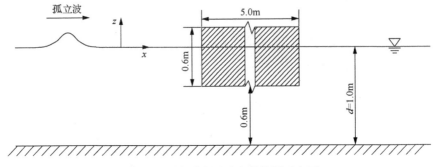

图 4.23　孤立波与浮式方箱作用示意图

与 Lin（2006）的工作类似，在此算例中，计算域由 1000 个水平网格和 40 个垂向分层离散。垂向层按照式（4.28）分布，取 $z_f = -0.2\text{m}$，$k_f = 32$。时间步长 $\Delta t = 0.005\text{s}$。

$$z_{k+1/2} = \begin{cases} z_f + (k - k_f)[\eta(x,t) - z_f]/(N_z - k_f) & k > k_f \\ z_f & k = k_f \\ -d(x) + k[z_f + d(x)]/k_f & k < k_f \end{cases} \quad (4.28)$$

式中，k 为层指数，范围为 $1 \leqslant k \leqslant N_z$；$N_z$ 为水平层数；z_f 为与 k_f 相对应的固定水平线。

图 4.24 为非静压模型结果和其他模型结果在 $x = 1\text{ m}$ 和 $x = 59\text{m}$ 处自由面高程随时间变化的比较。Ai 等（2018）还给出了 OpenFOAM 的计算结果，以供比较。OpenFOAM 求解了具有相似水平和垂直网格大小的 Navier-Stokes 方程。OpenFOAM 采用 VOF 方法捕捉自由表面，同样忽略了黏性影响。在第一个测量

点（$x=1\text{m}$）处记录入射孤立波和反射波。在另一个测量点（$x=59\text{m}$）处，观察到传输波的高度降低。非静压模型的计算结果与其他两种模型的计算结果基本一致。图 4.25 为非静压模型结果与 OpenFOAM 结果按箱体长度施加的水平力和垂直力的时程分析比较。虽然非静压模型计算的最大水平力偏大，但是与 OpenFOAM 模型结果吻合较好。

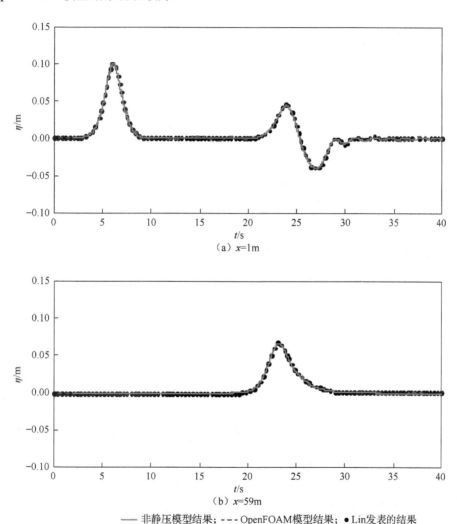

（a）$x=1\text{m}$

（b）$x=59\text{m}$

—— 非静压模型结果；- - - OpenFOAM 模型结果；● Lin 发表的结果

图 4.24　非静压模型结果、Lin（2006）的结果和 OpenFOAM 结果之间
的自由表面高程时间历程的比较

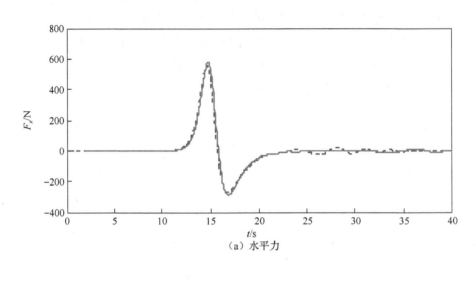

（a）水平力

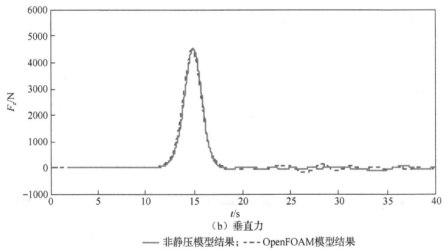

（b）垂直力

—— 非静压模型结果；- - - OpenFOAM模型结果

图 4.25　非静压模型结果与 OpenFOAM 结果的水平力和垂直力时程比较

　　图 4.26 为孤立波通过箱体过程中两个模型的旋涡发展情况。非静压模型结果与 OpenFOAM 的结果基本一致。两个模型都预测到了箱体附近的两个旋涡。一个旋涡在箱体左下角附近形成，另一个旋涡在箱体后面产生。在 40s 的模拟过程中，两个旋涡都持续了很长一段时间。

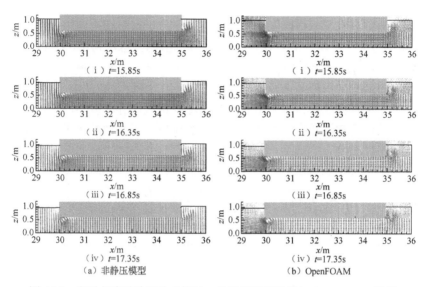

图 4.26　当孤立波通过浮动方箱时，非静压模型结果与 OpenFOAM 结果
方箱周围的速度场的之间的比较

4.4.2　规则波与浮式方箱的相互作用

根据 Wang 等（2011）的试验装置，建立如图 4.27 所示计算域。静水深 $h = 0.3\text{m}$，在左边界附近的一个较深水域输入规则波列，波高 $H_0 = 6\text{cm}$，波周期 $t_0 = 1.5\text{s}$。浮式方箱尺寸为 $0.6\text{m} \times 2.0\text{m} \times 0.45\text{m}$，吃水 0.24m。箱体中心位于（21.8m，0.0m，0.285m）。使用 14 个测波仪测量自由表面高程。本算例使用非静压模型（Rijnsdorp and Zijlema，2016），该模型通过计算自由表面流动和压力流动来处理波浪和浮式结构物之间的相互作用。

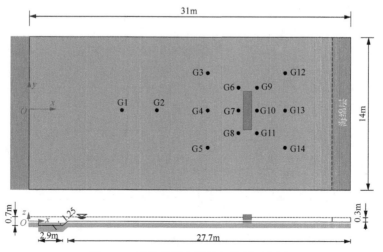

图 4.27　试验装置和测波仪位置示意图

在此算例中，水平网格间距设置为 $\Delta x = \Delta y = 0.05\text{m}$，在垂向边界适应的网格系统中，垂向分 10 层，取 $z_\text{f} = -0.24\text{m}$、$k_\text{f} = 4$。因此，网格总数为 $620 \times 280 \times 62\,010$。时间步长 $\Delta t = 0.01\text{s}$，模拟时间共 32s。图 4.28 为非静压模型结果与实测数据之间自由表面高程的时间历程的比较。考虑到此算例的对称性，仅给出了 10 个测波仪的数值结果。尽管在某些位置模型结果与实测数据之间存在微小的相位差，但数值结果整体接近于实测数据。总体而言，非静压模型很好地解决了箱体结构周围波散射的非线性影响。

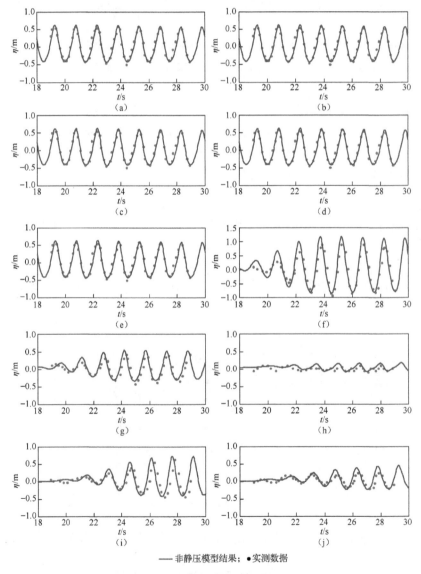

——非静压模型结果；●实测数据

图 4.28　数值结果与实测数据在 10 个测波仪位置处的自由表面高程的比较

本次模拟是在具有 Intel®Core^{TM}i7-7700K CPU 和 16GB 内部存储器的台式计算机上进行的。CPU 的基本频率为 4.2GHz。串行模型的总 CPU 时间约为 32.7h。

4.5　波浪在直立墙结构物上的极端爬高

4.5.1　背景介绍

海洋中，波浪爬高是一种常见的现象。我们通常所说的波浪爬高是波浪行近堤岸时，水体沿堤坡斜面上爬高程与静水高程之差，即是波浪沿斜面爬升的垂直高度。对于斜坡上的波浪爬高已有大量的研究及经验公式为其设计提供技术支持（翁克勤，1986；刘宁等，2019；杨凯和李怡，2019）。但是，直立结构也是一种常见的海洋及海岸工程结构，如直立式防波堤（宋军港和徐文琦，2014）、浮船（Spentza and Swan，2009）、海上风机和浮式平台（Jung et al.，2019）等。波浪在直立结构上的爬高是一种常见的物理过程，极端的波浪爬高会对海上船只、防波堤、海上平台等其他建筑物产生严重的影响，极可能会导致人员伤亡、结构损坏甚至结构功能丧失。在 1995 年 1 月，欧洲北海的布伦特·布拉沃（Brent Bravo）重力式结构海洋平台，在一个相对温和的海洋环境里局部遭受到巨大的波浪爬高，受到了严重的损失，而从附近的特恩（Tern）平台观测的数据中排除了此结构是由于极端波浪造成破坏的可能（Swan et al.，1997）。同样，2002 年 11 月，载有 7.7 万 t 燃料油的希腊油轮"威望"号，在西班牙西北部距海岸 9km 的海域遭遇风暴，油轮船体断为两截发生沉船事故，并造成了巨大的污染，经过研究表明，这是由于波浪非线性共振相互作用，产生了巨大的波浪爬高，从而产生了巨大的波浪荷载，导致了沉船事故。

大多数海洋和海岸结构（如海堤、防波堤等）的安全设计依赖于波-墙动力相互作用的精确估计，包括波浪爬高。在工程中，将估计波浪波高这一概念作为结构设计过程中必须考虑的关键条件是一种常见的做法（Sainflou，1928；Goda，2010）。由非线性相互作用导致的极端波浪爬高超出了我们普遍已知的爬高范畴，危害更大。针对非线性波浪在直立结构物上爬高的研究，基于波浪爬高的影响规律，可以为直立结构物的安全设计和合理选址提供技术支持。因此开展非线性波浪在直立结构物上爬高的研究具有极其重要的应用价值和工程意义。

4.5.2　模型验证

1. 造波验证

针对该问题，由于波浪传播区域及作用时间较长，在进行波浪爬高研究之前，先验证该模型的造波稳定性，并保证数值模拟的波高与物理试验相一致。首先，建立二维波浪数值水槽，长 30m，水深 h 为 3.0m。入射波采用线性理论，波浪周期 $T=0.88$s，$H=0.048$m，根据线性色散关系，波长 L 近似计算为 1.2m，相对水深 $kh=15.6$，k 为波数。然后，进行网格收敛性验证，选用 dx 为 0.04m、0.03m 及 0.02m，对应的 dt 为 0.011s、0.0165s 及 0.022s，dy 均采用 0.04m。在无结构时，垂向分层为均匀 50 层即能保证结果的正确性。

图 4.29 为网格收敛性验证图，对比了 $x=19.3$m（直立墙位置）不同网格尺度下的波面时间序列。从图中可以看出，对于 3 个网格尺寸，dx 为 0.04m 的值比 0.02m 和 0.03m 的稍低，而 dx 为 0.02m 和 0.03m 时的波面比较一致。由于本节中波浪非线性较大，为了保证计算结果更加精确，以下计算水平网格取 $dx=0.02$m。图 4.30 为 $x=19.3$m 处波面时间序列计算结果与解析解的比较，解析解为五阶斯托克斯波解，从图中可以看出 $60T$（60 个周期）内计算结果与解析解吻合较好，也说明了此模型模拟波浪在非线性演化方面的性能较好。图 4.31 为 $t=52.8$s 即 $60T$ 时全计算域的波面计算结果与解析解的比较。由于数值模拟造波时使用了缓冲函数，解析解与计算结果对比时进行了少许相位移动。从图中可以看出，计算结果与解析解在整个计算域上吻合较好，也说明了此模型在整个计算域中的稳定性。

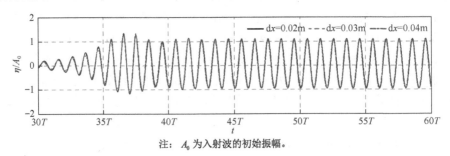

注：A_0 为入射波的初始振幅。

图 4.29　$x=19.3$m 处网格收敛性验证图

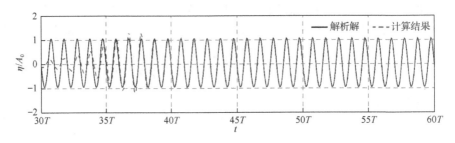

图 4.30　$x=19.3$m 处自由表面高程计算结果与解析解的比较

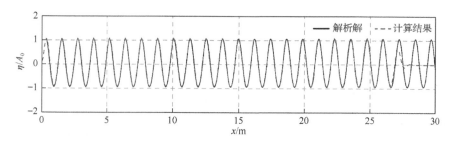

图 4.31　$t = 52.8s$ 时全计算域的自由表面高程计算结果与解析解的比较

2. 波浪爬高验证

进行研究之前，对模型在波浪爬高方面的适用性和准确性进行验证。试验数据使用 Molin 等（2005）中关于高阶非线性波浪在座底直立墙上的波浪爬高数据。选取试验波浪参数为周期 $T = 0.88s$，波高 $H = 0.048m$，水深 $h = 3m$，由线性色散关系可知波长 $L = 1.2m$，$kh = 15.6$。在试验中，水池长 30m，宽 16m，直立墙长 1.2m，宽 0.05m，直立墙固定在距离造波机 19.3m 处，由于对称性，相当于 2.4m 长的墙放在 32m 宽的水池中间。墙前测点位置 y 分别为 0.1m、0.2m、0.4m、0.6m、0.8m 和 1.0m 处，并且在墙后侧 $y = 0.13m$ 处设置一个测点，以说明波浪传播到直立墙时所产生的绕射。图 4.32 展示了研究非线性波浪在墙处的爬高模型设置。图 4.32（a）为整个计算域示意图，计算域长 30m，与试验保持一致。经过验证，计算宽度由试验的 16m 减少到 8m，但不影响波浪在墙上的爬高研究。直立墙位置与试验一致，设置在 19.3m 处，墙长 1.2m（相当于 2.4m 长的墙放在 16m 宽的水池中间），墙宽为 2dx（dx 为横向网格尺寸）。对于此波浪参数，在造波端 1.5L 约 1.8m 长度上设置松弛区域，减少直立墙传回的二次反射影响。为了降低计算域末端的反射影响，在 25m 后设置海绵层。图 4.32（b）展示的是试验中测点布置图，在数值模拟中，测点位置间隔 0.1m 布置。

本节在爬高验证前，先进行网格收敛性验证，由于水平网格已经验证，本节只展示垂向网格尺度验证。水平网格尺度分别选择 d$x = 0.02m$，d$y = 0.04m$，在网格收敛性验证时由于垂向边界适应坐标系变量较多，故在进行垂向网格收敛性验证时采用均匀分层，网格尺度 dz 分别选择 0.025m、0.03m 和 0.0375m。图 4.33 为垂向网格收敛性验证图，分别采用墙前测点 y 为 1.1m、0.4m 和 0.0m 处的波面进行验证。当 y 为 1.1m 时，此时墙前波浪幅度较小，从图中可以看出 3 种垂向网格尺度的波面基本重合，相差甚小。随着墙前波浪幅度增大，即 y 为 0.4m、0.0m 时，从图中可以看出 d$z = 0.0375m$ 对于非线性的捕捉比 0.025m 和 0.03m 要差，而 dz 为 0.025m 和 0.03m 的结果接近，为了保证能够捕捉较大的波高，本书研究采用垂向网格尺度为 0.025m。

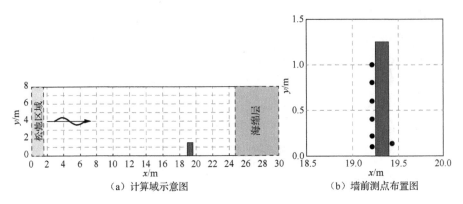

（a）计算域示意图　　　　　　（b）墙前测点布置图

图 4.32　墙处非线性波浪爬高模拟的模型设置

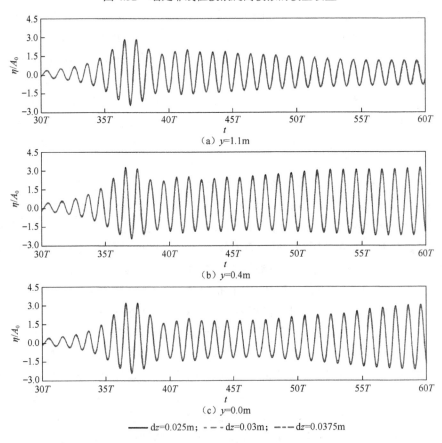

（a）y=1.1m

（b）y=0.4m

（c）y=0.0m

——— dz=0.025m；- - - dz=0.03m；- - - dz=0.0375m

图 4.33　垂向网格收敛性验证图

数值模拟中，波浪参数与试验保持一致，周期 $T = 0.88\text{s}$，波高 H 为 0.036m 和 0.048m，水深 $h = 3\text{m}$。网格尺寸设为 $\text{d}x = L/60 = 0.02\text{m}$，$\text{d}y = 0.04\text{m}$，由于速

度在 2m 以下基本接近 0，垂向分层采用广义边界适应方法，2m 以上均匀分为 40 层，2m 以下均匀分为 10 层，共为 50 层。2m 以上垂向网格尺度为 0.025m，时间步长 $dt = T/80 = 0.011s$，此网格尺度收敛性已在前文进行了验证。还应注意的是，模型在求解中间速度场时采用了一阶迎风格式与二阶中心差分格式相结合的混合格式。迎风格式更稳定但易造成更大的数值衰减，中心差分格式则正好相反。一阶迎风格式与中心差分格式分布由参数 α 控制（Ai et al.，2011），α 取 0 时为中心差分格式，取 1 时则为迎风格式，取 0~1 的其他数时为两者混合。根据 Ai 等（2011）推荐并经模型验证，α 取 0.1 时的对比结果还是较好的。

　　模型验证从两个方面进行比较，一方面通过墙前波包络进行对比验证，另一方面通过局部波面时间序列进行对比验证，结果如图 4.34 和图 4.35 所示。图 4.34 为直立墙前侧计算波面与试验测量波面沿墙的自由表面包络图，其中图（a）为波高 $H = 0.036m$ 的计算结果，图（b）为波高 $H = 0.048m$ 的计算结果。从图 4.34（a）和（b）可以看出，计算结果在最大自由波面处比试验结果稍低。当波高 $H = 0.036m$ 时，最高波峰处和最低波谷处的计算结果和试验结果的误差均为 5%。当波高 $H = 0.048m$ 时，最高波峰处计算结果和试验结果的误差为 3%，最低波谷处计算结果和试验结果的误差为 7%。从总体上来看，结果吻合较好。为了进一步证明本模型在非线性波浪作用下波浪爬高的适用性，对 $H = 0.048m$ 时的波面时间序列进行了对比。图 4.35 为直立墙前侧测点波面高程时间序列试验结果与计算结果对比图。时间范围为 $63T < t < 68T$，大约是波浪以群速度传播到直立墙并返回到造波处的时间范围，在此时间段内可以看出试验结果和计算结果接近稳态，同时也尽可能避免了由于波浪在造波边界二次反射所带来的误差影响。图 4.35（a）~（c）为墙前 y 为 1.0m、0.4m 及 0.1m 测点波面时间序列对比图。从图中可以看到，计算结果与试验结果吻合较好，表明了此模型能够准确模拟直立墙前波浪演化过程。图 4.35（d）为墙后 $y = 0.13m$ 测点波面高程时间序列对比图，此图一方面表明了模型计算的正确性，另一方面表明了此模型在解决绕射问题的适用性。图 4.34 和图 4.35 也反映了此模型模拟非线性波浪在直立墙上爬高的准确性。

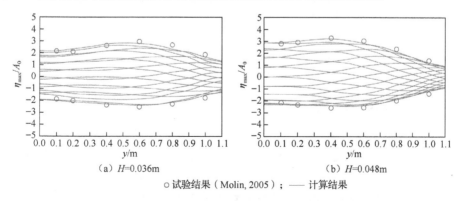

○ 试验结果（Molin，2005）；—— 计算结果

图 4.34　直立墙前侧计算波面与试验测量波面沿墙的自由表面包络图

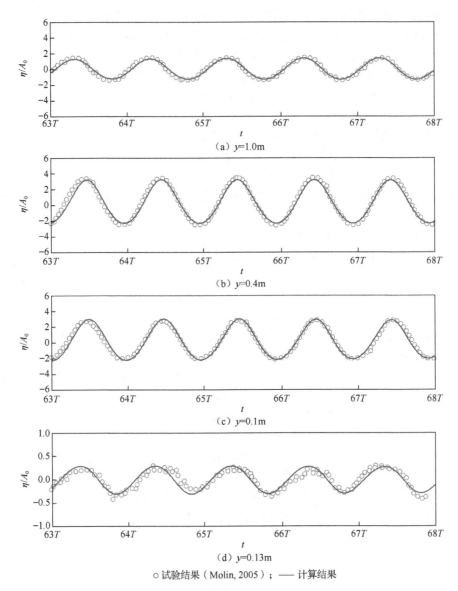

（a）y=1.0m

（b）y=0.4m

（c）y=0.1m

（d）y=0.13m

○ 试验结果（Molin，2005）；—— 计算结果

图 4.35　直立墙前侧测点波面高程时间序列试验结果与计算结果对比图

4.5.3　波陡波浪爬高的影响

本节中研究的波浪爬高是由于入射波和反射波之间的三阶共振相互作用引起
的，对于有限水深和深水波浪，波陡可作为非线性大小的度量。因此研究波浪在
直立墙处的爬高随波陡变化的规律是非常重要的。波浪水池尺寸与 4.5.2 节验证
时所采用的尺寸相同，长 30m，宽 8m，并在距造波边界 19.3m 处设置一个长 1.2m、

宽 2.0m 的直立墙。本节中主要对 2 种周期（$T=0.88\text{s}$ 和 $T=1.07\text{s}$）、4 种水深和 4 种波陡下的波浪进行爬高研究，详细的数值模拟参数如表 4.1 所示。

表 4.1 数值模拟波浪参数

波形	周期 T/s	波长 L/m	波陡 H/L	水深 h/m	相对水深 kh
规则波	0.88	1.2	1%	0.3	1.67
			2%	0.6	3.13
			3%	0.75	3.9
			4%	1.5	7.8
规则波	1.07	1.8	1%	0.6	2.17
			2%	0.9	3.17
			3%	1.2	4.22
			4%	2.0	7.03

图 4.36（a）～（d）所示为 $T=0.88\text{s}$ 时不同水深下直立墙前侧波面高程放大率随波陡变化，分别对应相对水深 kh 为 1.67、3.13、3.9 和 7.8。

总体上，直立墙各位置的波浪爬高随着波陡的增大而增大，并且最大放大率可达到入射振幅的 4 倍，而共振理论模型数值结果在 $H/L=4\%$ 时的放大率也接近于 4 倍。从图 4.36（a）可以看出，在相对水深 $kh=1.67$ 时，4 种波陡的波浪爬高最大值均在直立墙的中心位置 $y=0.6\text{m}$ 处（计算域对称前直立墙 1/4 处），然后向两端逐渐减小，并且直立墙各位置的爬高随波陡增大均相应增大。在图 4.36（b）中，水深增大到相对水深 $kh=3.13$，在 $H/L\leqslant3\%$ 时，直立墙上各位置的爬高变化趋势与图（a）相同；而当 $H/L=4\%$ 时，最大爬高朝向 $y=0.0\text{m}$ 移动（计算域对称前直立墙的中心位置），此时在直立墙外侧（以 $y=0.6\text{m}$ 为界限）的放大率不再像图（a）中随波陡严格增大，而是减小的。此水深下爬高虽然只稍微增大，但爬高在直立墙上的分布已经发生了改变，说明水深对其分布是有影响的。在图 4.36（c）和（d）中，随着水深的增大，最大放大率逐渐移向 $y=0.0\text{m}$ 所需要的波陡越来越小；两图中爬高分布随波陡变化趋势基本相同，当 H/L 为 2%～4% 时，基本均在 $y=0.7\text{m}$ 处相交，在此位置两侧爬高放大率呈现相反的变化趋势，这也更进一步说明了水深在其中的重要作用。在 $y<0.7\text{m}$ 时，爬高放大率随波陡的增大而增大，而在 $y>0.7\text{m}$ 时，爬高放大率随波陡的增大而减小，两侧的变化趋势呈相反的状态。

为了进一步研究波陡对波浪在直立墙处爬高的影响，我们考虑了 $T=1.07\text{s}$ 时不同水深下直立墙前侧波面高程放大率随波陡变化，图 4.37（a）～（d）分别为相对水深 kh 为 2.17、3.17、4.22 和 7.03。可以看出 $T=1.07\text{s}$ 选用的相对水深与 $T=0.88\text{s}$ 时的相对水深较为相近。总体上，直立墙各位置的波浪爬高放大率随着波陡的增大而增大，并且最大放大率可达到入射振幅的 3.6 倍，小于 $T=0.88s$ 的 4 倍。这是由于周期增大，波长相应增大，而我们的计算域并没有改变，$T=1.07s$ 时波浪与直立墙相互作用的有效时间小于 $T=0.88s$ 时的波浪与直立墙相互作用的有效时间。从图 4.37（a）～（c）可以看出，当相对水深较小时，4 种波陡的波浪爬高最大值不再在直立墙的中心位置，但是直立墙各位置的爬高随波陡增大均相应增大，并且随着水深的增大，最大放大率逐渐移向 $y=0.0m$ 所需要的波陡也越来越小。当水深继续增大时，4 种波陡的波浪在直立墙两侧爬高放大率呈现相反的变化趋势。这与 $T=0.88s$ 时的变化规律是相同的。

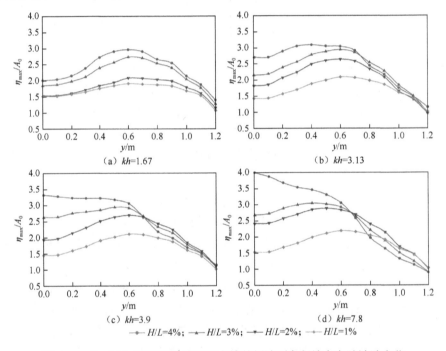

图 4.36　$T=0.88s$ 时不同水深下直立墙前侧波面高程放大率随波陡变化

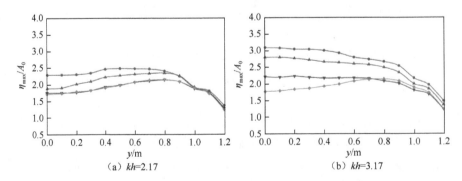

图 4.37　$T=1.07s$ 时不同水深下直立墙前侧波面高程放大率随波陡变化

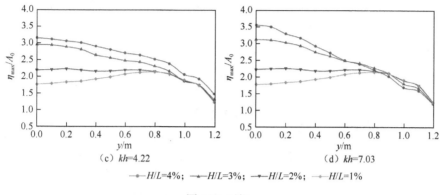

（c）kh=4.22　　　　　　　　　　　　（d）kh=7.03

━●━ H/L=4%；　━▲━ H/L=3%；　━✦━ H/L=2%；　━✦━ H/L=1%

图 4.37（续）

4.5.4　相位变化

前文已经叙述相速度的改变是三阶共振作用的特征之一。具体表现为墙前波浪相速度会减小，即墙前侧波浪的相位会滞后于远离墙处波浪的相位。在本节中，讨论不同的水深及不同的波陡对墙前波浪相位滞后的影响。

首先本节详细给出了 4 种波陡墙前波面与未扰动处波面历时曲线对比图，可以更直接地看出墙前波浪相位滞后于远离墙处波面的相位。如图 4.38 所示，为周期 $T = 0.88s$、相对水深 $kh = 7.8$ 时 4 种波陡墙前波面与远离墙未扰动处波面历时曲线对比图。一方面，从图 4.38 可以清楚地看到波面高程变化。当波陡 $H/L = 1\%$ 和 $H/L = 2\%$ 时，从图中可以看出波面高程很快可以达到稳态，并且此处位置的波面放大率和线性理论预测的 2 相同。当波陡 $H/L = 3\%$ 和 $H/L = 4\%$ 时，从图中可以看出波面高程还在逐渐增长，在 40 个循环内并未达到稳态，放大率最大可达到 4，远远大于预测理论的 2。另一方面，从图 4.38 可以看到相位滞后随波陡的变化。当波陡 $H/L = 1\%$ 时，墙前波浪相位与远离墙处波浪相位差别较小，随着波陡增大，相位差逐渐增大，并且相位差随着时间缓慢地增加。图 4.39 为周期 $T = 1.07s$、相对水深 $kh = 7.03$ 时 4 种波陡墙前波面与远离墙未扰动处波面历时曲线对比图。从图中可以看出，墙前波浪与远离墙处波浪相位差变化趋势与 $T = 0.88s$ 时的情况相似，波陡较小时，相位差较小，随着波陡增大，相位差逐渐增大，并且随着时间也是缓慢地增加。从这方面说明了相速度的改变是导致波浪幅度增大的原因之一。具体定量相位变化情况如彩图 5 和彩图 6 所示。

彩图 5（a）和（b）表示了 $T = 0.88s$ 时直立墙前 $y = 0.0m$ 处波浪相位滞后随水深及波陡变化历时曲线。纵坐标表示相位滞后，通过 2π 进行无量纲化，其值是由 $y = 0.0m$ 处波浪相位减去同一 x 位置未扰动处的相位所得（图 4.38）。彩图 5（a）表示的是相对水深 $kh = 7.8$ 时 4 种波陡下直立墙附近相位变化。从图中可以看出，随着波陡增大，相位差逐渐增大，并且随着时间缓慢地增加，对应于图 4.38。彩

图 5（b）表示的是 $H/L=4\%$ 时 4 种水深下直立墙附近相位变化。从图中可以看出，随着水深增大，相位差逐渐增大，并且随着时间也是缓慢地增加。当相对水深 kh 为 7.8、3.9 及 3.13 时，其相位滞后虽然逐渐增大，但变化较小，而相对水深 $kh=1.67$ 时相位滞后与前三者相比变化较大。同样也能说明，相同条件下，水深越大，发生三阶共振作用越早，相位滞后越明显。彩图 6（a）和（b）表示了 $T=1.07\mathrm{s}$ 时直立墙前 $y=0.0\mathrm{m}$ 处波浪相位滞后随水深及波陡变化历时曲线。从图中可以看出，$T=1.07\mathrm{s}$ 直立墙前波浪相位滞后随水深及波陡的变化与 $T=0.88\mathrm{s}$ 时的变化情况是相似的，均是随着波陡和水深的增大，墙前波浪相位滞后逐渐增大，并且随着时间缓慢地增加。

　　为了直观地看出计算域波浪相位变化情况，给出了直立墙附近波面云图，如图 4.40 和图 4.41 所示。图 4.40 表示 $T=0.88\mathrm{s}$、$kh=7.8$ 时不同波陡下墙前波面变化，与彩图 5（a）相对应，其中图 4.40（d）中黑色曲线表示墙前波峰线。图 4.41 表示 $T=0.88\mathrm{s}$、$H/L=4\%$ 时不同水深下墙前波面变化，与彩图 5（b）相对应。从图 4.40 和图 4.41 可以看出，墙前的相位滞后于未扰动处的相位，即墙前相速度减小，符合三阶共振作用理论。随着波陡和水深的增大，相位滞后更加明显。这也说明在相同的条件下，波陡和水深越大发生三阶共振作用所用的时间越短，并且相速度变化越大。从图 4.38、彩图 5、图 4.40 和图 4.41 可以看出，随着波陡及水深的增大，直立墙里侧相位相对未受干扰处的相位滞后更加严重，具体表现为墙前波峰线越弯曲，使波能集中在直立墙里侧，导致附近的波面放大率越大。这也是随着水深及波陡的增大，直立墙两端爬高放大率变化规律呈相反趋势的原因。

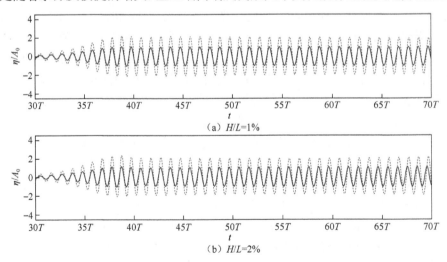

图 4.38　$T=0.88\mathrm{s}$、$kh=7.8$ 时墙前波面与远离墙未扰动处波面历时曲线对比图

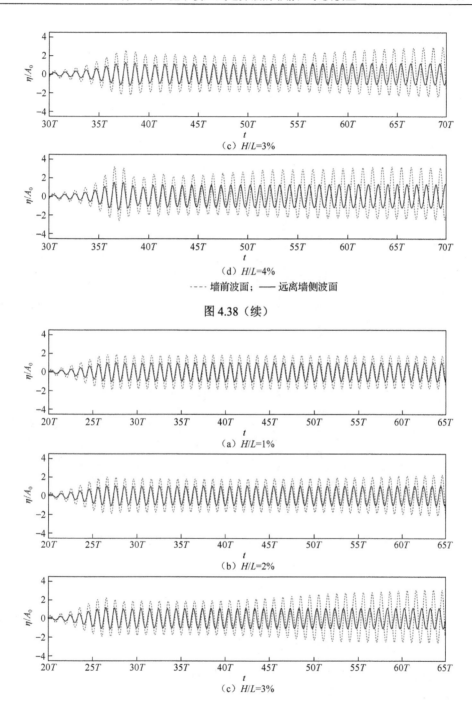

（c）H/L=3%

（d）H/L=4%

- - - - 墙前波面；—— 远离墙侧波面

图 4.38（续）

（a）H/L=1%

（b）H/L=2%

（c）H/L=3%

图 4.39　T =1.07s 、kh =7.03 墙前波面与远离墙未扰动处波面历时曲线对比图

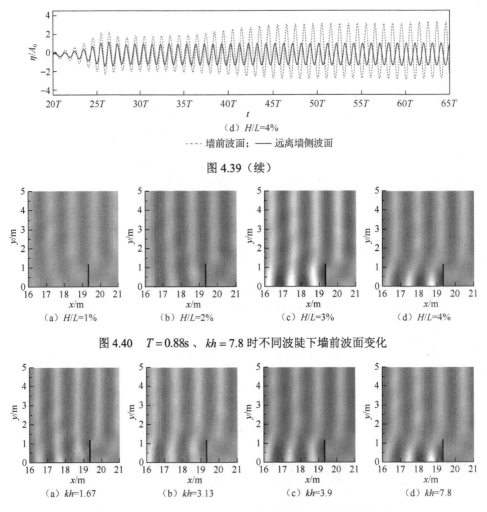

（d）$H/L=4\%$

---- 墙前波面；—— 远离墙侧波面

图4.39（续）

图4.40　$T=0.88\mathrm{s}$、$kh=7.8$时不同波陡下墙前波面变化

（a）$kh=1.67$　　　（b）$kh=3.13$　　　（c）$kh=3.9$　　　（d）$kh=7.8$

图4.41　$T=0.88\mathrm{s}$、$H/L=4\%$时不同水深下墙前波面变化

4.6　内波的产生与传播

4.6.1　潮汐与理想地形作用下产生的内波

本测试案例涉及潮汐与理想地形作用下产生的内波，这是一个真比例尺的测试案例。

为了研究由正压潮流和地形之间的相互作用引起的内波，人们进行了大量的数值模拟。本书考虑由式（4.29）定义的理想高斯形脊。

$$H(x) = -H_0 + h_m \exp[(-x^2 / 2) / W^2] \qquad (4.29)$$

式中，h_m 和 W 分别是山脊的高度和比例尺宽度，$h_m = 600\mathrm{m}$ 和 $W = 5000\mathrm{m}$。

　　计算域在 x 方向上的区间是 $-200 \sim 200\mathrm{km}$。静水深度为 $H_0 = 800\mathrm{m}$。流体初始密度分布为

$$\rho(z) = \rho_0 - \frac{\Delta\rho}{2}\left[1 + \tanh\left(\frac{z - z_0}{D}\right)\right] \qquad (4.30)$$

式中，$\Delta\rho$ 为密度差，$\Delta\rho = 6\mathrm{kg} / \mathrm{m}^3$；$z_0$ 为密度跃层的中心，$z_0 = -50\mathrm{m}$；D 为密度跃层的厚度，$D = 120\mathrm{m}$。

　　在左边界上产生 M_2 半日分潮的指定外部速度为

$$u(t)\,|_\mathrm{left} = u_0 \sin(\omega_{M_2} t) \qquad (4.31)$$

式中，u_0 为最大流速，$u_0 = 0.1\mathrm{m} / \mathrm{s}$；$\omega_{M_2}$ 为角频率，$\omega_{M_2} = 0.000\,140\,526\mathrm{rad} / \mathrm{s}$。

　　在右边界 $x_R = 200\mathrm{km}$ 处，根据 Keilegavlen 和 Berntsen（2009）的规定，施加外部速度，以允许潮汐通过计算区域传播：

$$u(z,t)\,|_\mathrm{right} = \frac{1}{10x}\int_{x_R - 10\Delta x}^{x_R} u(x,z,t)\mathrm{d}x \qquad (4.32)$$

　　对于这个测试算例，模型中的科氏力参数为 $f = 5.1 \times 10^{-5}\mathrm{rad} / \mathrm{s}$，采用水平和垂直涡黏性以及扩散系数常数，即 $A^h = 1.0 \times 10^{-1}\mathrm{m}^2 / \mathrm{s}$，$A^v = 1.0 \times 10^{-3}\mathrm{m}^2 / \mathrm{s}$ 以及 $K^h = K^v = 1.0 \times 10^{-7}\mathrm{m}^2 / \mathrm{s}$。

　　在本模型计算中，水平和垂直网格尺寸分别设置为 $\Delta x = 200\mathrm{m}$ 和 $\Delta z = 10\mathrm{m}$。为了进行比较，提供了垂直边界拟合非静压（boundary-fitted non-hydrostatic，BFNH）模型（Ai and Ding，2016）获得的数值结果。为了离散水平计算区域，BFNH 模型采用正交非结构化网格系统，其中连接两个相邻单元中心的线段与两个单元共享的边正交。这种网格系统的例子有三角形网格、矩形网格，甚至包括矩形网格和三角形网格的混合网格。在本书中，我们仅使用网格尺寸 $\Delta x = 200\mathrm{m}$ 的矩形网格来离散水平域。在垂直方向上，采用 80 个等距层。图 4.42 为两个计算网格系统的示意图。

　　对本模型结果与 BFNH 模型结果的内波产生过程做比较，设 $T = 2\pi / \omega_{M_2}$ 是潮汐周期。结果表明，两种模型的计算结果非常相似。两个模型都表明，由于潮汐与局部地形的相互作用，产生了上下游内波包。首先，在 $t = 0.5T$ 时，山脊背风面受潮汐作用而形成密度跃层凹陷。然后，在 $t = 1.0T$ 当潮水倒转时，凹陷越过山脊。当 t 为 $1.0T \sim 1.5T$ 时由于非线性波陡化，上游凹陷从山脊分离并转化为内部涌潮。在 $t = 1.75T$ 时，上游内波包产生了，随后在 $t = 2.25T$ 时产生了更有序的内波。此外，在 $t = 1.25T$ 时，山脊背风面的另一个凹陷已形成。随后，它向下游方向传播，并在 $t = 1.25T$ 时转化为一个内部潮涌。最后，潮涌在 $t = 2.25T$ 时演变成下游内波包。

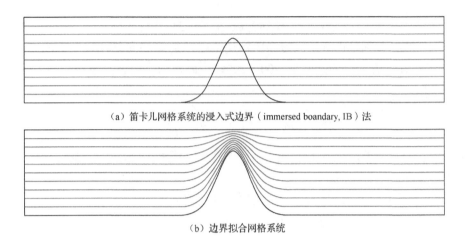

（a）笛卡儿网格系统的浸入式边界（immersed boandary, IB）法

（b）边界拟合网格系统

图 4.42　两个计算网格系统的示意图

4.6.2　内孤立波通过海底山脊的传播演化

　　如彩图 7 所示，数值波浪水槽长 12m，包含一个双层流体。两层的总深度为 0.5m，上层与下层的深度之比 $h_1 / h_2 = 1 : 4$。上下流体密度分别为 996kg / m³ 和 1030kg / m³。两层流体之间的界面由厚度为 0.04m 的双曲正切密度剖面初始化。山脊高为 0.3m。波浪水槽的两侧都是固壁。

　　用重力崩塌法（Kao et al.，1985）在计算区域的右侧生成凹陷的内孤立波（internal solitary wave，ISW），然后沿 x 负方向传播。入射的振幅为 0.056m。为了离散计算域，水平和垂直网格大小分别设置为 $\Delta x = 0.01\text{m}$ 和 $\Delta z = 0.005\text{m}$。

　　图 4.43 将计算出的 5 个测站的界面位移 ξ 与试验数据进行了比较。该模型高估了 G2 站的前导波谷，然而，模型计算结果与试验数据基本吻合，而且模型能较好地捕捉到脊上波的传播。彩图 8 反映了计算出的在几个代表性时刻 ISW 在三角形山脊上传播的密度场。相应的涡量场和速度场如彩图 9 所示。在 $t' = 0$s 时，波前到达斜坡，波形几乎没有变化［彩图 8（a）］。ISW 的主要特征可以从彩图 8（a）和彩图 9（a）中检测到，彩图 8（a）和彩图 9（a）显示了具有逆时针涡旋的密度凹陷。在彩图 8（b）中，波前趋向于与山脊的前坡平行，波前的密度跃层变薄。与此同时，波前和斜坡之间向下倾斜的速度显著增加［彩图 9（b）］。之后，如彩图 8（c）所示形成内部水跃。再后，波浪发生破碎［彩图 8（d）］并在上层和下层流体之间引起强混合［彩图 8（e）和（f）］。从彩图 9（b）～（f）可以发现，在 ISW 在山脊上传播的过程中，在山脊的顶点附近总是存在一个强烈的逆时针涡旋，其强度甚至大于嵌入 ISW 的涡旋的强度。

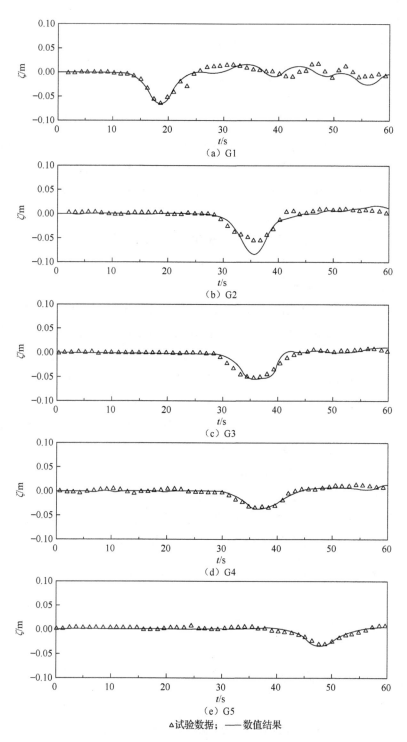

（a）G1

（b）G2

（c）G3

（d）G4

（e）G5

△试验数据；——数值结果

图 4.43　5 个测站界面位移的数值结果与试验数据的比较（一）

4.6.3　内孤立波通过斜坡大陆架的传播演化

最后一个测试案例涉及在斜坡大陆架地形上传播的ISW。Cheng和Hsu（2010）进行了一系列的物理试验来研究其传播过程。然后，Cheng等（2011）和Hsieh等（2016）进行了一些数值模拟来研究这一过程。数值波浪水槽和测量站如彩图10所示。计算域长度为14m，上层高度$h_1 = 0.14$m，下层高度$h_2 = 0.41$m。坡架地形高度$h_s = 0.37$m，坡长$L_s = 1.5$m。与之前的试验情况类似，上下流体密度分别为996kg/m^3和1030kg/m^3。两层流体之间的界面也由厚度为0.04m的双曲正切密度剖面初始化。波浪水槽的两侧也是实心壁。

根据重力崩塌法，在区域右侧产生振幅为0.05m的ISW。我们采用了一个网格系统，$\Delta x = 0.01$m和$\Delta z = 0.005$m来覆盖计算域。还在前一个试验的基础上，确定了涡流黏滞系数和扩散系数。

图4.44显示了5个测站的数值结果和试验数据之间的界面位移的比较。该模型与试验结果基本吻合，反映了ISW在斜坡大陆架地形上传播过程中波形的整体演变过程。彩图11反映了计算出的在几个代表性时刻ISW在斜坡大陆架地形上传播的密度场。相应的涡量场和速度场如彩图12所示。在$t' = 0$s时，波形开始变形[彩图11（a）]。当ISW接近斜坡时，斜坡上游的底层厚度变薄[彩图11（b）]，波前和斜坡上游之间向下倾斜的速度增加[彩图12（a）和（b）]。结果，波前被阻挡，ISW的后部变得更陡，导致形成内部水跃，如彩图12（c）所示。随着内部水跃的发展，形成顺时针旋涡的潮涌[彩图11（d）和彩图12（d）]。在潮涌在斜坡大陆架地形路肩上传播期间，逐渐产生一个升高的波形[彩图11（d）～（f）]，顺时针旋涡的强度变大[彩图12（d）～（f）]。此后，升高的波形分解为两个升高的波形，相应地，较强的涡旋分裂为两个方向相同的涡旋。

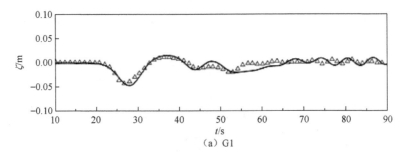

图4.44　5个测站界面位移的数值结果与试验数据的比较（二）

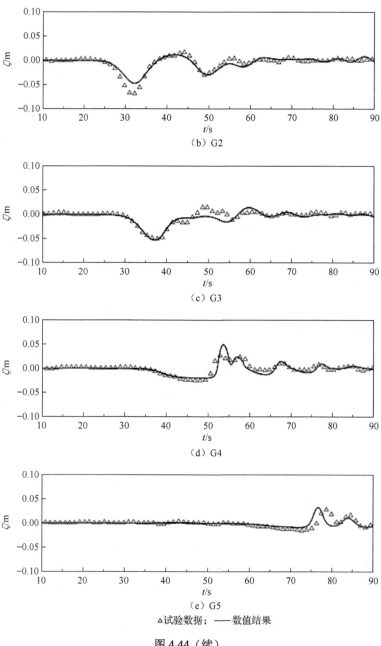

（b）G2

（c）G3

（d）G4

（e）G5

△试验数据；——数值结果

图 4.44（续）

第5章　基于非结构化网格的非静压水波模型

5.1　概　　述

由于非结构化网格具有良好的边界适应能力，基于非结构化网格的非静压模型可以模拟波浪或内波在复杂计算域中的传播演化，也可以模拟波浪或内波与复杂结构物的相互作用。本章将介绍基于非结构化网格的非静压模型（NHDUT-USGModel）的建立及其在非线性波浪与直立圆柱、弱三维波浪相互作用和内波运动中的应用。

近年来，许多研究者都致力于开发基于 NSE 的三维模型。与三维势流模型相比，它们不需要求解伯努利方程来获得物体表面的压力，而且可用于模拟波浪与直立圆柱之间相互作用所产生的剪切流、旋涡脱落和湍流。NSE 模型开发的难点之一是运动自由表面的模拟。流体体积函数法（VOF）已广泛应用于 NSE 中，用于模拟运动的自由表面。基于 VOF 的 NSE 模型已成功应用于研究波浪引起的爬高或作用力（Cao et al.，2011；Gao et al.，2012；Yang et al.，2015）。基于 VOF 方法的数值模型虽然能够处理复杂的自由表面，但计算量较大，这限制了其进一步的应用。

非静压模型也是基于 NSE 建立的，但它把自由表面看作是水平位置的单值函数。因此，它可以通过使用自由表面方程有效地捕捉自由表面的运动，而计算开销相对较小。非静压模型经过 10 多年的发展，其应用涉及短波运动（Ai et al.，2011；Young et al.，2007；Young et al.，2009b；Yuan and Wu，2006；Zijlema and Stelling，2005）、聚焦波群（Ai et al.，2014；Young and Wu，2010b），以及波浪破碎和爬高（Ai and Jin，2012；Zijlema and Stelling，2008；Zijlema et al.，2011）的模拟。大多数非静压模型都是在矩形网格基础上开发的。对于波浪与圆柱相互作用的模拟，应采用适合于复杂边界的数值模型。例如，Choi 等（2011）以及 Choi 和 Yuan（2012）基于水平曲线坐标系建立了非静压模型，该模型能够准确地模拟非线性波浪与圆柱的相互作用。

用于模拟波浪运动的非静压模型（non-hydrostatic model for short wave motions，NHSM）（Ai et al.，2011；Stelling and Zijlema，2003；Young and Wu，2009a；Yuan and Wu，2004b；Zijlema and Stelling，2005；Zijlema et al.，2011）

已经发展了近 20 年。通常情况下，NHSM 可以用相对较少的垂向分层（如 2～5层）精确地模拟一系列频散和非线性效应都起着重要作用的波浪运动。模拟内波运动的非静压模型（Fringer et al.，2006；Kanarska and Maderich，2003；Kanarska et al.，2007；Keilegavlen and Berntsen，2009；Lai et al.，2010；Matsumura and Hasumi，2008；Vitousek and Fringer，2011；Vitousek and Fringer，2014）在过去 10 年中也得到了一定发展。这种非静压模型通常采用足够的水平空间分辨率和大量的垂向分层来模拟内波的产生和传播，其在湖泊和河口分层驱动流动的模拟中也有着重要的应用。从 NHSM 扩展到模拟内波的非静压模型通常并不容易，因为这需要采用高分辨率的对流计算格式，并且由于增加了垂向网格分辨率，相应地增加了模型的计算量。

5.2　数值离散方法

本节将对基于非结构化网格建立的非静压模型（NHDUT-USGModel）的数值离散过程进行介绍。模型基于 Casulli（1999）、Casulli 和 Zanolli（2002）提出的半隐式分步算法建立，在垂向边界适应的坐标系下求解非静压控制方程。模型中的变量定义（Ai and Jin，2010；Ai et al.，2011）同样确保了非静压项的零压力边界条件可以精确且容易地施加在自由表面上。模型在水平方向采用交错网格并通过珀罗（Perot）格式（Fringer et al.，2006；Kleptsova et al.，2010；Kramer and Stelling，2008；Xing et al.，2012）来离散水平动量方程中的水平对流项。为了精确地模拟内波运动，在动量方程和密度方程的离散中都采用了高分辨率的对流格式。为了获得二阶空间精度，提出了一种满足单调保持性的二阶通量限制器方法。

5.2.1　半隐式分步算法

在水平计算域上离散之前，首先将控制方程沿垂向分层积分，以得到半离散的方程，然后应用半隐式分步格式求解该方程。半离散的控制方程可以写成如下形式。

连续性方程：

$$\frac{\partial \Delta z_k}{\partial t} + \nabla_{\mathrm{H}} \cdot (\Delta z \boldsymbol{U})_k + \omega_{k+1/2} - \omega_{k-1/2} = 0 \tag{5.1}$$

式中，$\Delta z_k = z_{k+1/2} - z_{k-1/2}$（图 5.1 和图 5.2）；$\nabla_{\mathrm{H}}$ 是水平散度；$\omega_{k\pm1/2}$ 是相对于水平层的垂直速度。

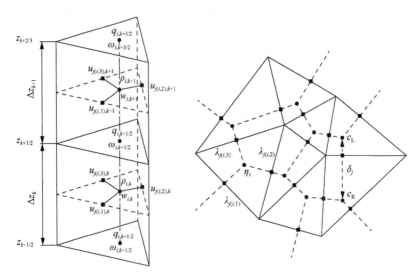

图 5.1　非结构化网格和变量定义

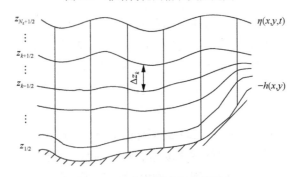

图 5.2　垂直边界适应坐标系

通过将压力视为静水压力和非静水压力分量之和，包括斜压梯度项 Bc_u 的动量方程可以写成如下形式：

$$\frac{\partial u}{\partial t} + \nabla \cdot (Vu) = -g\frac{\partial \eta}{\partial x} - Bc_u - \frac{\partial q}{\partial x} + F_u + \frac{\partial}{\partial z}\left(K_m \frac{\partial u}{\partial z}\right) \qquad (5.2)$$

$$\frac{\partial v}{\partial t} + \nabla \cdot (Vv) = -g\frac{\partial \eta}{\partial y} - Bc_v - \frac{\partial q}{\partial y} + F_v + \frac{\partial}{\partial z}\left(K_m \frac{\partial v}{\partial z}\right) \qquad (5.3)$$

$$\frac{\partial w}{\partial t} + \nabla \cdot (Vw) = -\frac{\partial q}{\partial z} + F_w + \frac{\partial}{\partial z}\left(K_m \frac{\partial w}{\partial z}\right) \qquad (5.4)$$

半离散后的水平动量方程为

$$\frac{\partial(\Delta zu)_{j,k}}{\partial t} + \left[\nabla_{\mathrm{H}} \cdot (u\Delta z\boldsymbol{U})\right]_{j,k} + (\omega u)_{j,k+1/2} - (\omega u)_{j,k-1/2}$$

$$= -\Delta z_{j,k}g\left(\frac{\partial \eta}{\partial n}\right)_j - \Delta z_{j,k}\left(\frac{\partial q}{\partial n}\right)_{j,k} - \Delta z_{j,k}(Bc_{\mathrm{u}})_{j,k} + \Delta z_{j,k}(F_{\mathrm{u}})_{j,k}$$

$$+ \left(K_{\mathrm{m}}\frac{\partial u}{\partial z}\right)_{j,k+1/2} - \left(K_{\mathrm{m}}\frac{\partial u}{\partial z}\right)_{j,k-1/2} \tag{5.5}$$

式中，n 是在第 j 条边上定义的外法向。

半离散后的垂向动量方程为

$$\frac{\partial(\Delta zw)_{i,k}}{\partial t} + \left[\nabla_{\mathrm{H}} \cdot (w\Delta z\boldsymbol{U})\right]_{i,k} + (\omega w)_{i,k+1/2} - (\omega w)_{i,k-1/2}$$

$$= q_{i,k-1/2} - q_{i,k+1/2} + \Delta z_{i,k}\left(F_{\mathrm{w}}\right)_{i,k} + \left(K_{\mathrm{m}}\frac{\partial w}{\partial z}\right)_{i,k+1/2} - \left(K_{\mathrm{m}}\frac{\partial w}{\partial z}\right)_{i,k-1/2} \tag{5.6}$$

式（5.1）、式（5.5）和式（5.6）的推导是基于一个积分过程，Zijlema 和 Stelling（2005）对此进行了详细的描述。式（5.5）中的非静压梯度项和斜压梯度项，式（5.5）和式（5.6）中的水平扩散项，在这个模型中，假设与水深无关，因此它们与积分过程无关。应该提到的是，式（5.5）中定义的每一侧的法向量 n 与笛卡儿坐标系中的 x 方向相同，因为式（5.2）~式（5.4）具有绕 z 轴的旋转不变性。因此，该模型中非静压梯度项的处理方法与 Ai 等（2011）的方法非常相似。然而，当遇到陡峭的地形时，我们可以放弃非静压梯度项与水深无关的假设，或者采用另一个垂直网格系统（Ai et al.，2014）以减少由于处理非静压梯度项而产生的误差。

下面的步骤是求解式（5.5）和式（5.6），采用 Casulli（1999）、Casulli 和 Zanolli（2002）提出的半隐式分步格式。将式（5.1）乘以 $u_{j,k}^n$，并用方程（5.5）减去该结果，可以得到 $u_{j,k}^{n+1/2}$ 的如下方程：

$$\frac{u_{j,k}^{n+1/2} - u_{j,k}^n}{\Delta t} + \mathrm{AdvH}(u_{j,k}) + \mathrm{AdvV}(u_{j,k})$$

$$= -g\left(\frac{\partial \eta}{\partial n}\right)_j^{n+\theta} - (1-\theta)\left(\frac{\partial q}{\partial n}\right)_{j,k}^n - (Bc_{\mathrm{u}})_{j,k}^n + (F_{\mathrm{u}})_{j,k}^n$$

$$+ \frac{1}{\Delta z_{j,k}^n}\left[\left(K_{\mathrm{m}}\frac{\partial u}{\partial z}\right)_{j,k+1/2}^{n+1/2} - \left(K_{\mathrm{m}}\frac{\partial u}{\partial z}\right)_{j,k-1/2}^{n+1/2}\right] \tag{5.7}$$

式中，Δt 是时间步长；θ 是在 $0.5 \leqslant \theta \leqslant 1.0$ 范围内的隐含因子；$\mathrm{AdvH}(u_{j,k})$ 和 $\mathrm{AdvV}(u_{j,k})$ 分别表示水平动量方程中的水平平流项和垂直平流项，具体可表示如下：

$$\mathrm{AdvH}(u_{j,k}) = \frac{1}{\Delta z_{j,k}^n}\left[\nabla_{\mathrm{H}} \cdot (u\Delta z\boldsymbol{U})\right]_{j,k}^n - \frac{u_{j,k}^n}{\Delta z_{j,k}^n}\left[\nabla_{\mathrm{H}} \cdot (\Delta z\boldsymbol{U})\right]_{j,k}^n \tag{5.8}$$

$$\text{AdvV}(u_{j,k}) = \frac{\omega_{j,k+1/2}^n}{\Delta z_{j,k}^n}(u_{j,k+1/2}^n - u_{j,k}^n) - \frac{\omega_{j,k-1/2}^n}{\Delta z_{j,k}^n}(u_{j,k-1/2}^n - u_{j,k}^n) \quad (5.9)$$

$\text{AdvH}(u_{j,k})$ 和 $\text{AdvV}(u_{j,k})$ 的离散化将在 5.2.2 节中介绍。

应注意的是，在方程（5.7）中不包括非静压的隐含贡献。用中心差分格式直接离散自由面和非静压项的垂直扩散项和水平梯度项。斜压梯度项 Bc_u 采用 Stelling 和 van Kester（1994）提出的非线性插值方法在 z 坐标系中以显式计算。水平扩散项 $(F_u)_{j,k}^n$ 可以用 Perot 格式离散（Ai and Jin, 2010）。

类似地，通过将式（5.1）乘以 $w_{i,k}^n$，并从方程（5.6）中减去该结果，可以得到 $w_{i,k}$ 的如下方程：

$$\frac{w_{i,k}^{n+1/2} - w_{i,k}^n}{\Delta t} + \text{AdvH}(w_{i,k}) + \text{AdvV}(w_{i,k})$$

$$= -(1-\theta)\frac{q_{i,k+1/2}^n - q_{i,k-1/2}^n}{\Delta z_{i,k}^n} + (F_w)_{i,k}^n + \frac{1}{\Delta z_{i,k}^n}\left[\left(K_m\frac{\partial w}{\partial z}\right)_{i,k+1/2}^{n+1/2} - \left(K_m\frac{\partial w}{\partial z}\right)_{i,k-1/2}^{n+1/2}\right] \quad (5.10)$$

式中，$\text{AdvH}(w_{i,k})$ 和 $\text{AdvV}(w_{i,k})$ 分别表示垂向动量方程中的水平和垂向对流项，具体表示如下：

$$\text{AdvH}(w_{i,k}) = \frac{1}{\Delta z_{i,k}^n}\left[\nabla_H \cdot (w\Delta z\boldsymbol{U})\right]_{i,k}^n - \frac{w_{i,k}^n}{\Delta z_{i,k}^n}\left[\nabla_H \cdot (\Delta z\boldsymbol{U})\right]_{i,k}^n \quad (5.11)$$

$$\text{AdvV}(w_{i,k}) = \frac{\omega_{i,k+1/2}^n}{\Delta z_{i,k}^n}(w_{i,k+1/2}^n - w_{i,k}^n) - \frac{\omega_{i,k-1/2}^n}{\Delta z_{i,k}^n}(w_{i,k-1/2}^n - w_{i,k}^n) \quad (5.12)$$

$\text{AdvH}(w_{i,k})$ 和 $\text{AdvV}(w_{i,k})$ 的离散化将在下面讨论。

在方程（5.10）中，非静压的隐式贡献也被忽略，垂向扩散项也被中心差分格式离散。水平扩散项 $(F_w)_{i,k}^n$ 用有限体积法离散，其中积分边界的数值通量采用中心差分格式计算。

式（5.7）和式（5.10）分别构成关于 $u_{j,k}^{n+1/2}$ 和 $w_{i,k}^{n+1/2}$ 的一组线性三对角系统，其中 $k = 1,2,3,\cdots,N_z$。关于 $w_{i,k}^{n+1/2}$ 的式（5.10）可以通过直接法求解。自由表面计算完毕后，关于 $u_{j,k}^{n+1/2}$ 的式（5.7）也可用直接法求解。Casulli 和 Zanolli（2002）详细介绍了自由表面的计算。

此后，通过修正中间速度 $u_{j,k}^{n+1/2}$ 和 $w_{i,k}^{n+1/2}$ 计算新时刻的速度 $u_{j,k}^{n+1}$ 和 $w_{i,k}^{n+1}$，如下所示：

$$\frac{u_{j,k}^{n+1} - u_{j,k}^{n+1/2}}{\Delta t} = -\theta\left(\frac{\partial \Delta q}{\partial n}\right)_{j,k}^{n+1} \quad (5.13)$$

$$\frac{w_{i,k}^{n+1} - w_{i,k}^{n+1/2}}{\Delta t} = -\theta\frac{\Delta q_{i,k+1/2}^{n+1} - \Delta q_{i,k-1/2}^{n+1}}{\Delta z_{i,k}^n} \quad (5.14)$$

式中，$\Delta q = q^{n+1} - q^n$；$k = 1, 2, 3, \cdots, N_z$。

$$\left(\frac{\partial \Delta q}{\partial n}\right)^{n+1}_{j,k} = \frac{(\Delta q^{n+1}_{c_R, k+1/2} + \Delta q^{n+1}_{c_R, k-1/2}) - (\Delta q^{n+1}_{c_L, k+1/2} + \Delta q^{n+1}_{c_L, k-1/2})}{2\delta_j} \quad (5.15)$$

式中，δ_j 是单元中心 c_L 和 c_R 之间线段的距离（图 5.1）。

参考 Ai 和 Jin（2010）、Ai 等（2011）的工作，用有限体积法离散后的连续性方程为

$$\frac{1}{A_i} \sum_{l=1}^{S_i} s_{i,l} \lambda_{j(i,l)} u^{n+\theta}_{j(i,l), k-1/2} + \frac{w^{n+\theta}_{i,k} - w^{n+\theta}_{i,k-1}}{\Delta z^n_{i,k-1/2}} = 0 \quad (5.16)$$

式中，$k = 2, 3, 4, \cdots, N_z$；$u^{n+\theta}_{j(i,l), k-1/2} = (u^{n+\theta}_{j(i,l), k} + u^{n+\theta}_{j(i,l), k-1}) / 2$。

当 $k = 1$ 时连续方程在半底层被离散。通过令 $w^{n+1}_{i,1/2} = 0$，可以得到

$$\frac{1}{A_i} \sum_{l=1}^{S_i} s_{i,l} \lambda_{j(i,l)} u^{n+\theta}_{j(i,l),1} + w^{n+\theta}_{i,1} / (\Delta z^n_{i,1} / 2) = 0 \quad (5.17)$$

将式（5.13）和式（5.14）代入式（5.16）和式（5.17），同时考虑到自由面上 $\Delta q_{N_z+1/2} = 0$ 的零压力边界条件，可以得到关于非静压修正项的泊松方程，该方程可以写成如下的矩阵形式：

$$A\Delta q = b \quad (5.18)$$

式中，A 是稀疏系数矩阵；Δq 是关于非静压修正项的向量；b 是与速度相关的已知向量。

最后，通过对自由表面方程应用有限体积法离散，可以得到如下的离散方程：

$$\frac{\eta^{n+1}_i - \eta^n_i}{\Delta t} + \frac{1-\theta}{A_i} \sum_{l=1}^{S_i} \left[s_{i,l} \lambda_{j(i,l)} \sum_{k=1}^{N_z} \Delta z^n_{j(i,l),k} u^n_{j(i,l),k} \right]$$
$$+ \frac{\theta}{A_i} \sum_{l=1}^{S_i} \left[s_{i,l} \lambda_{j(i,l)} \sum_{k=1}^{N_z} \Delta z^n_{j(i,l),k} u^{n+1}_{j(i,l),k} \right] = 0 \quad (5.19)$$

之后，$z^{n+1}_{k+1/2}$ 由下式重新计算：

$$z_{k+1/2}(x, y, t) = z_{k-1/2}(x, y, t) + [\eta(x, y, t) + h(x, y)] / N_z \quad k = 0, 1, \cdots, N_z \quad (5.20)$$

注意：$z_{1/2} = -h(x, y)$，$z_{N_z+1/2} = \eta(x, y, t)$（图 5.2）；$\omega^{n+1}_{i,k+1/2}$ 由式（5.1）中 $\omega_{k\pm1/2}$ 计算得出，同时考虑到 $\omega^{n+1}_{1/2} = \omega^{n+1}_{N_z+1/2} = 0$。

总之，在每个时间步，中间速度 $u^{n+1/2}_{j,k}$ 和 $w^{n+1/2}_{i,k}$ 都是由式（5.7）和式（5.10）计算出来的。接下来，通过求解式（5.18）得到非静压修正项。新时刻的速度 $u^{n+1}_{j,k}$ 和 $w^{n+1}_{i,k}$ 是从式（5.13）和式（5.14）中得到的。新时刻的自由表面由式（5.19）计算出。最后，$z^{n+1}_{k+1/2}$ 和 $\omega^{n+1}_{i,k+1/2}$ 由式（5.20）和式（5.1）确定。需要指出的是，在求解式（5.7）之前，中间时刻的自由表面应根据式（5.7）和自由表面方程联立计算得到。详情可以参考 Casulli（1999）、Casulli 和 Zanolli（2002）的文章。

5.2.2　二阶通量限制方法

在本节中，基于 Casulli 和 Zanolli（2005）的工作，首次提出了一种基于 Perot 格式的二阶通量限制方法来离散方程（5.7）中的 $\mathrm{AdvH}(u_{j,k})$ 项，然后方程中的 $\mathrm{AdvV}(u_{j,k})$ 项也通过二阶方法离散化。Perot 格式广泛应用于水平交错网格的模型中（Fringer et al.，2006；Kleptsova et al.，2010；Kramer and Stelling，2008；Xing et al.，2012）。

从式（5.8）可以看出，$\mathrm{AdvH}(u_{j,k})$ 可以看作 $\mathrm{AdvH}_1(u_{j,k})$ 和 $\mathrm{AdvH}_2(u_{j,k})$ 之和。由于使用了水平非结构交错网格，$\mathrm{AdvH}_1(u_{j,k})$ 和 $\mathrm{AdvH}_2(u_{j,k})$ 分别可以被 Perot 格式离散为

$$
\begin{aligned}
\mathrm{AdvH}_1(u_{j,k}) &= \frac{1}{\Delta z_{j,k}^n}[\nabla_{\mathrm{H}}\cdot(u\Delta z\boldsymbol{U})]_{j,k}^n \\
&= \frac{\alpha_j^{c_{\mathrm{L}}}}{A_{c_{\mathrm{L}}}\Delta z_{j,k}}\sum_{l=1}^{S_{i=c_{\mathrm{L}}}} s_{i,l}\lambda_{j(i,l)}(\Delta zu)_{j(i,l),k}^n\, {}^*\boldsymbol{U}_{j(i,l),k}^n\cdot\boldsymbol{n}_j \\
&\quad + \frac{\alpha_j^{c_{\mathrm{R}}}}{A_{c_{\mathrm{R}}}\Delta z_{j,k}}\sum_{l=1}^{S_{i=c_{\mathrm{R}}}} s_{i,l}\lambda_{j(i,l)}(\Delta zu)_{j(i,l),k}^n\, {}^*\boldsymbol{U}_{j(i,l),k}^n\cdot\boldsymbol{n}_j
\end{aligned}
\tag{5.21}
$$

$$
\begin{aligned}
\mathrm{AdvH}_2(u_{j,k}) &= -\frac{u_{j,k}^n}{\Delta z_{j,k}^n}[\nabla_{\mathrm{H}}(\Delta z\boldsymbol{U})]_{j,k}^n \\
&= -u_{j,k}^n\left[\frac{\alpha_j^{c_{\mathrm{L}}}}{A_{c_{\mathrm{L}}}\Delta z_{j,k}}\sum_{l=1}^{S_{i=c_{\mathrm{L}}}} s_{i,l}\lambda_{j(i,l)}(\Delta zu)_{j(i,l),k}^n + \frac{\alpha_j^{c_{\mathrm{R}}}}{A_{c_{\mathrm{R}}}\Delta z_{j,k}}\sum_{l=1}^{S_{i=c_{\mathrm{R}}}} s_{i,l}\lambda_{j(i,l)}(\Delta zu)_{j(i,l),k}^n\right]
\end{aligned}
\tag{5.22}
$$

式中，$s_{i,l}$ 为与 i 单元第 l 条边定义的法向速度方向相关联的符号函数，假设第 l 条边的速度为正（从 c_{L} 到 c_{R}），$s_{i,l}=1$ 对应于流出，$s_{i,l}=-1$ 对应于流入；$\boldsymbol{n}_j$ 为第 j 条边的单位法向量；$\alpha_j^{c_{\mathrm{L}}}$ 和 $\alpha_j^{c_{\mathrm{R}}}$ 为第 j 条边左右单元的权重因子，可以定义为

$$
\alpha_j^{c_{\mathrm{L}}} = \frac{\Delta\delta_{c_{\mathrm{L}},j}}{\delta_j}, \qquad \alpha_j^{c_{\mathrm{R}}} = \frac{\Delta\delta_{c_{\mathrm{R}},j}}{\delta_j}
\tag{5.23}
$$

式中，$\Delta\delta_{c_{\mathrm{L}},j}$ 和 $\Delta\delta_{c_{\mathrm{R}},j}$ 分别为从单元中心 c_{L} 和 c_{R} 到侧面中心 j 的距离，$\Delta\delta_{c_{\mathrm{L}},j}+\Delta\delta_{c_{\mathrm{R}},j}=\delta_j$。

式（5.21）中的 ${}^*\boldsymbol{U}_{j(i,l),k}^n$ 项表示 i 单元第 l 条边的水平速度矢量，其计算公式如下：

$$^{*}U^n_{j(i,l),k} = [U^n_{i,k} + U^n_{m(i,l),k}]/2 - \phi_{j(i,l),k} \cdot \text{sgn}[s_{i,l}(\Delta zu)^n_{j(i,l),k}] \cdot [U^n_{m(i,l),k} - U^n_{i,k}]/2 \quad (5.24)$$

式中，$\phi_{j(i,l),k} = 1 - \Phi(r_{j(i,l),k})$，$\Phi(r_{j(i,l),k})$ 是通量限制函数，$\Phi(r_{j(i,l),k}) = 0$ 对应于迎风格式，$\Phi(r_{j(i,l),k}) = 1$ 对应二阶中心差分格式。对于任意的 $r_{j,k}$，如果 $j \in S_i^+$，它可以定义为

$$r_{j,k} = \frac{[U^n_{m(i,j),k} - U^n_{i,k}]}{|U^n_{m(i,j),k} - U^n_{i,k}|^2} \frac{\sum\limits_{l \in S_i^-} \left| s_{i,l}\lambda_{j(i,l)}\Delta z^n_{j(i,l),k} u^n_{j(i,l),k} \right| \cdot [U^n_{i,k} - U^n_{m(i,l),k}]}{\sum\limits_{l \in S_i^-} \left| s_{i,l}\lambda_{j(i,l)}\Delta z^n_{j(i,l),k} u^n_{j(i,l),k} \right|} \quad (5.25)$$

式中，S_i^+ 是与 $s_{i,l}u^n_{j(i,l),k} > 0$ 相对应且属于第 i 单元的边的集合，水通过该集合离开第 i 单元；S_i^- 是与 $s_{i,l}u^n_{j(i,l),k} < 0$ 相对应且属于第 i 单元的边的集合，水通过该集合进入第 i 单元。很明显 $S_i = S_i^+ \bigcup S_i^-$。

将式（5.24）代入式（5.21），得到

$$\begin{aligned}
\text{AdvH}_1(u_{j,k}) = &\frac{\alpha_j^{c_L}}{2A_{c_L}\Delta z_{j,k}} \sum_{l=1}^{S_{i=c_L}} s_{i,l}\lambda_{j(i,l)}(\Delta zu)^n_{j(i,l),k}[U^n_{i,k} + U^n_{m(i,l),k}] \cdot \boldsymbol{n}_j \\
&- \frac{\alpha_j^{c_L}}{2A_{c_L}\Delta z_{j,k}} \sum_{l=1}^{S_{i=c_L}} \phi_{j(i,l),k}\lambda_{j(i,l)} \left|(\Delta zu)^n_{j(i,l),k}\right|[U^n_{m(i,l),k} - U^n_{i,k}] \cdot \boldsymbol{n}_j \\
&+ \frac{\alpha_j^{c_R}}{2A_{c_R}\Delta z_{j,k}} \sum_{l=1}^{S_{i=c_R}} s_{i,l}\lambda_{j(i,l)}(\Delta zu)^n_{j(i,l),k}[U^n_{i,k} + U^n_{m(i,l),k}] \cdot \boldsymbol{n}_j \\
&- \frac{\alpha_j^{c_R}}{2A_{c_R}\Delta z_{j,k}} \sum_{l=1}^{S_{i=c_R}} \phi_{j(i,l),k}\lambda_{j(i,l)} \left|(\Delta zu)^n_{j(i,l),k}\right|[U^n_{m(i,l),k} - U^n_{i,k}] \cdot \boldsymbol{n}_j \quad (5.26)
\end{aligned}$$

式中，$U^n_{i,k}$ 和 $U^n_{m(i,l),k}$ 为分别存储在单元 i 及其相邻单元 $m(i,l)$ 处的水平速度矢量。

对于任意 $U^n_{i,k}$，有如下要求：

$$U^n_{i,k} \cdot \boldsymbol{n}_{j(i,l)} = u^n_{j(i,l),k} \quad (5.27)$$

$U^n_{i,k}$ 可通过以下方法在其相邻边存储的法向速度之外进行插值。

$$A_i U^n_{i,k} = \sum_{l=1}^{S_i} \lambda_{j(i,l)}\delta_{j(i,l)} u^n_{j(i,l),k} \boldsymbol{n}_{j(i,l)} \quad (5.28)$$

上面的公式适用于任何具有公共外接圆心的多边形单元。由于该模型采用水平三角形网格，完全满足了这一要求。

通过组合等式（5.22）和式（5.26）并考虑式（5.27），$\text{AdvH}(u_{j,k})$ 可表示如下：

$$\mathrm{AdvH}(u_{j,k}) = \mathrm{AdvH}_1(u_{j,k}) + \mathrm{AdvH}_2(u_{j,k})$$

$$= \frac{\alpha_j^{c_L}}{2A_{c_L}\Delta z_{j,k}} \sum_{l=1}^{S_{i=c_L}} s_{i,l} \lambda_{j(i,l)} (\Delta zu)_{j(i,l),k}^n [\boldsymbol{U}_{m(i,l),k}^n - \boldsymbol{U}_{i,k}^n] \cdot \boldsymbol{n}_j$$

$$- \frac{\alpha_j^{c_L}}{2A_{c_L}\Delta z_{j,k}} \sum_{l=1}^{S_{i=c_L}} \phi_{j(i,l),k} \lambda_{j(i,l)} \left| (\Delta zu)_{j(i,l),k}^n \right| [\boldsymbol{U}_{m(i,l),k}^n - \boldsymbol{U}_{i,k}^n] \cdot \boldsymbol{n}_j$$

$$+ \frac{\alpha_j^{c_R}}{2A_{c_R}\Delta z_{j,k}} \sum_{l=1}^{S_{i=c_R}} s_{i,l} \lambda_{j(i,l)} (\Delta zu)_{j(i,l),k}^n [\boldsymbol{U}_{m(i,l),k}^n - \boldsymbol{U}_{i,k}^n] \cdot \boldsymbol{n}_j$$

$$- \frac{\alpha_j^{c_R}}{2A_{c_R}\Delta z_{j,k}} \sum_{l=1}^{S_{i=c_R}} \phi_{j(i,l),k} \lambda_{j(i,l)} \left| (\Delta zu)_{j(i,l),k}^n \right| [\boldsymbol{U}_{m(i,l),k}^n - \boldsymbol{U}_{i,k}^n] \cdot \boldsymbol{n}_j \quad (5.29)$$

对于 $\mathrm{AdvV}(u_{j,k})$ 的近似值，由式（5.9）确定，$u_{j,k+1/2}^n$ 和 $u_{j,k-1/2}^n$ 可以按照相同的方式确定。拿 $u_{j,k+1/2}^n$ 来举例，它可以计算为

$$u_{j,k+1/2}^n = (u_{j,k}^n + u_{j,k+1}^n)/2 - \phi_{j,k+1/2} \cdot \mathrm{sgn}(\omega_{j,k+1/2}^n) \cdot (u_{j,k+1}^n - u_{j,k}^n)/2 \quad (5.30)$$

式中，$\phi_{j,k+1/2} = 1 - \Phi(r_{j,k+1/2})$。$\Phi(r_{j,k+1/2})$ 也是通量限制函数，取决于 $r_{j,k+1/2}$，可以定义为

$$r_{j,k+1/2} = \begin{cases} \dfrac{u_{j,k}^n - u_{j,k-1}^n}{u_{j,k+1}^n - u_{j,k}^n} & \omega_{j,k+1/2}^n > 0, \omega_{j,k-1/2}^n > 0 \\[3mm] \dfrac{u_{j,k+1}^n - u_{j,k+2}^n}{u_{j,k}^n - u_{j,k+1}^n} & \omega_{j,k+1/2}^n < 0, \omega_{j,k+3/2}^n < 0 \end{cases} \quad (5.31)$$

通过将式（5.30）和 $u_{j,k-1/2}^n$ 类似表达式代入式（5.9），得到 $\mathrm{AdvV}(u_{j,k})$ 的以下方程：

$$\mathrm{AdvV}(u_{j,k}) = \frac{1}{2\Delta z_{j,k}} [(\omega_{j,k+1/2}^n - |\omega_{j,k+1/2}^n|) + \Phi(r_{j,k+1/2}) |\omega_{j,k+1/2}^n|] \cdot (u_{j,k+1}^n - u_{j,k}^n)$$

$$- \frac{1}{2\Delta z_{j,k}} [(\omega_{j,k-1/2}^n + |\omega_{j,k-1/2}^n|) + \Phi(r_{j,k-1/2}) |\omega_{j,k-1/2}^n|] \cdot (u_{j,k-1}^n - u_{j,k}^n) \quad (5.32)$$

5.2.3　对流格式的单调保持性

在本节中将证明上述对流计算格式的单调保持性。如 Casulli 和 Zanolli（2005）所述，满足单调保持性的数值格式意味着数值解总是被初始值或边界值的最大值和最小值所限制。

$\mathrm{AdvH}(u_{j,k})$ 在式（5.29）中，也可被视为 $\mathrm{AdvHL}(u_{j,k})$ 和 $\mathrm{AdvHR}(u_{j,k})$ 的和，其分别表示在 j 边的左单元和右单元中定义的水平平流项。

将 $\Phi(r)$ 代入到 $\mathrm{AdvHL}(u_{j,k})$ 中并且考虑到 $\phi_{j(i,l),k} = 1 - \Phi(r_{j(i,l),k})$，可以得到下式：

$$\text{AdvHL}(u_{j,k}) = \frac{\alpha_j^{c_\text{L}}}{2A_{c_\text{L}} \Delta z_{j,k}} \sum_{l=1}^{S_{i=c_\text{L}}} \lambda_{j(i,l)}[s_{i,l}(\Delta zu)_{j(i,l),k}^n - |(\Delta zu)_{j(i,l),k}^n|] \cdot [U_{m(i,l),k}^n - U_{i,k}^n] \cdot n_j$$

$$+ \frac{\alpha_j^{c_\text{L}}}{2A_{c_\text{L}} \Delta z_{j,k}} \sum_{l=1}^{S_{i=c_\text{L}}} \Phi_{j(i,l),k} \lambda_{j(i,l)} |(\Delta zu)_{j(i,l),k}^n| [U_{m(i,l),k}^n - U_{i,k}^n] \cdot n_j$$

$$(5.33)$$

然后考虑到 $S_i = S_i^+ \bigcup S_i^-$，上述方程也可以写为

$$\text{AdvHL}(u_{j,k}) = \frac{\alpha_j^{c_\text{L}}}{2A_{c_\text{L}} \Delta z_{j,k}} \sum_{l \in S_{i=c_\text{L}}} \lambda_{j(i,l)}[(\Phi_{j(i,l),k} - 2)|(\Delta zu)_{j(i,l),k}^n|] \cdot [U_{m(i,l),k}^n - U_{i,k}^n] \cdot n_j$$

$$+ \frac{\alpha_j^{c_\text{L}}}{2A_{c_\text{L}} \Delta z_{j,k}} \sum_{l \in S_{i=c_\text{L}}^+} \frac{\Phi_{j(i,l),k}}{r_{j(i,l),k}} r_{j(i,l),k} \lambda_{j(i,l)} |(\Delta zu)_{j(i,l),k}^n| [U_{m(i,l),k}^n - U_{i,k}^n] \cdot n_j$$

$$(5.34)$$

接着将式（5.25）的 $r_{j,k}$ 代入上述方程，即可得到

$$\text{AdvHL}(u_{j,k}) = \frac{\alpha_j^{c_\text{L}}}{2A_{c_\text{L}} \Delta z_{j,k}} \sum_{l \in S_{i=c_\text{L}}^-} \lambda_{j(i,l)}[(2 - \Phi_{j(i,l),k})|(\Delta zu)_{j(i,l),k}^n|] \cdot [U_{i,k}^n - U_{m(i,l),k}^n] \cdot n_j$$

$$+ \frac{\alpha_j^{c_\text{L}}}{2A_{c_\text{L}} \Delta z_{j,k}} \sum_{l \in S_{i=c_\text{L}}^+} \lambda_{j(i,l)} |(\Delta zu)_{j(i,l),k}^n| \frac{\Phi_{j(i,l),k}}{r_{j(i,l),k}} \left\{ \frac{\sum_{l \in S_{i=c_\text{L}}^-} \left| s_{i,l} \lambda_{j(i,l)} \Delta z_{j(i,l),k}^n u_{j(i,l),k}^n \right| [U_{i,k}^n - U_{m(i,l),k}^n]}{\sum_{l \in S_{i=c_\text{L}}^-} \left| s_{i,l} \lambda_{j(i,l)} \Delta z_{j(i,l),k}^n u_{j(i,l),k}^n \right|} \right\} \cdot n_j$$

$$(5.35)$$

经过上述步骤之后，类似地也可以容易地获得 $\text{AdvHR}(u_{j,k})$ 的表达式。然后 $\text{AdvHL}(u_{j,k})$、$\text{AdvHR}(u_{j,k})$ 和 $\text{AdvV}(u_{j,k})$ 对 $u_{j,k}$ 的贡献可以表示为

$$u_{j,k}^{n+1} = u_{j,k}^n - \Delta t \cdot [\text{AdvHL}(u_{j,k}) + \text{AdvHR}(u_{j,k}) + \text{AdvV}(u_{j,k})] \qquad (5.36)$$

通过将式（5.32）的 $\text{AdvHL}(u_{j,k})$、$\text{AdvHR}(u_{j,k})$ 的类似表达式和式（5.32）代入上述方程，可以将所得表达式符号化地写成

$$u_{j,k}^{n+1} = (1 - \Delta t a_{\text{sum}}) u_{j,k}^n + \Delta t \sum_{l \in S_{i=c_\text{L}}^-} a_{m(i,l),k}^{c_\text{L}} U_{m(i,l),k}^n \cdot n_j + \Delta t \sum_{l \in S_{i=c_\text{R}}^-} a_{m(i,l),k}^{c_\text{R}} U_{m(i,l),k}^n \cdot n_j$$

$$+ \Delta t a_{j,k+1} u_{j,k+1}^n + \Delta t a_{j,k-1} u_{j,k-1}^n \qquad (5.37)$$

其中，

$$a_{\text{sum}} = \sum_{l \in S_{i=c_\text{L}}^-} a_{m(i,l),k}^{c_\text{L}} + \sum_{l \in S_{i=c_\text{R}}^-} a_{m(i,l),k}^{c_\text{R}} + a_{j,k+1} + a_{j,k-1} \qquad (5.38)$$

$$a_{m(i,l),k}^{c_L} = \frac{\alpha_j^{c_L}}{2A_{c_L}\Delta z_{j,k}}\left\{\lambda_{j(i,l)}[(2-\varPhi_{j(i,l),k})\cdot|(\Delta zu)_{j(i,l),k}^n|]\right.$$

$$\left. + \frac{|s_{i,l}\lambda_{j(i,l)}\Delta z_{j(i,l),k}^n u_{j(i,l),k}^n|[U_{i,k}^n - U_{m(i,l),k}^n]}{\sum\limits_{l\in S_{i=c_L}^-}|s_{i,l}\lambda_{j(i,l)}\Delta z_{j(i,l),k}^n u_{j(i,l),k}^n|}\sum\limits_{l\in S_{i=c_L}^+}\lambda_{j(i,l)}|(\Delta zu)_{j(i,l)}^n|\frac{\varPhi_{j(i,l),k}}{r_{j(i,l),k}}\right\}$$

（5.39）

$$a_{j,k+1} = \begin{cases} \dfrac{1}{\Delta z_{j,k}}\left\{|\omega_{j,k+1/2}^n|[2-\varPhi(r_{j,k+1/2})]+|\omega_{j,k-1/2}^n|\dfrac{\varPhi(r_{j,k-1/2})}{r_{j,k-1/2}}\right\} & \omega_{j,k+1/2}^n<0,\omega_{j,k-1/2}^n<0 \\[3mm] 0 & \omega_{j,k+1/2}^n\geqslant0,\omega_{j,k-1/2}^n\geqslant0 \end{cases}$$

（5.40）

$$a_{j,k-1} = \begin{cases} \dfrac{1}{\Delta z_{j,k}}\left\{|\omega_{j,k+1/2}^n|\dfrac{\varPhi(r_{j,k+1/2})}{r_{j,k+1/2}}+|\omega_{j,k-1/2}^n|[2-\varPhi(r_{j,k-1/2})]\right\} & \omega_{j,k+1/2}^n>0,\omega_{j,k-1/2}^n>0 \\[3mm] 0 & \omega_{j,k+1/2}^n\leqslant0,\omega_{j,k-1/2}^n\leqslant0 \end{cases}$$

（5.41）

通过将式（5.39）中的 c_L 替换为 c_R ，可以容易地得到 $a_{m(i,l),k}^{c_R}$ 的表达式。为简洁起见就不再详细赘述。

注意，式（5.37）中的所有关于 a 的系数都与相应的限制器函数 $\varPhi$ 有关。被广泛应用的 minmod 或 superbee 限制函数可以用来确定 $\varPhi$ ，对于 $r>0$ 使其满足 $0\leqslant\varPhi(r)\leqslant2$ 和 $0\leqslant\varPhi(r)/r\leqslant2$ 。利用这种限制函数，可以发现 $a_{m(i,l),k}^{c_L}$ 、 $a_{m(i,l),k}^{c_R}$ 、 $a_{j,k+1}$ 和 $a_{j,k-1}$ 总是非负的。此外，通过设置足够小的时间步长 Δt ， $u_{j,k}^n$ 的系数也将是非负的。因此，在式（5.37）中满足单调保持性。在每个时间步上平流项对时间步长的限制是 $\Delta t\leqslant(1/a_m)$ 。

5.2.4　密度方程的离散

得到 $u_{j,k}^{n+1}$ 、 $w_{i,k}^{n+1}$ 、 η_i^{n+1} 和 $\omega_{k+1/2}^{n+1}$ 之后，就可以用高分辨率有限体积法求解密度方程。由于垂直速度分量 $w_{i,k}$ 和密度变量 $\rho_{i,k}$ 在该模型中定义在同一位置（图 5.1），它们的控制方程也可以用类似的方法求解。与式（5.6）类似，可以给出密度方程的半离散形式：

$$\frac{\partial(\Delta z\rho)_{i,k}}{\partial t}+[\nabla_H\cdot(\rho\Delta z U)]_{i,k}+(\omega\rho)_{i,k+1/2}-(\omega\rho)_{i,k-1/2}$$

$$=\Delta z_{i,k}(F_\rho)_{i,k}+\left(K_\rho\frac{\partial\rho}{\partial z}\right)_{i,k+1/2}-\left(K_\rho\frac{\partial\rho}{\partial z}\right)_{i,k-1/2}$$

（5.42）

将式（5.1）乘以 $\rho_{i,k}^n$ ，然后从式（5.42）中减去该结果，再除以 $\Delta z_{i,k}^n$ ，得到

$$\frac{\rho_{i,k}^{n+1} - \rho_{i,k}^{n}}{\Delta t} + \text{AdvH}(\rho_{i,k}) + \text{AdvV}(\rho_{i,k}) = (F_\rho)_{i,k}^n + \text{DifV}(\rho_{i,k}) \tag{5.43}$$

$$\text{AdvH}(\rho_{i,k}) = \frac{1}{\Delta z_{i,k}^n} \nabla_{\text{H}} \cdot [\rho_{i,k}^n (\Delta z_{i,k}^n \boldsymbol{U}_{i,k}^{n+\theta})] - \frac{\rho_{i,k}^n}{\Delta z_{i,k}^n} [\nabla_{\text{H}} (\Delta z_{i,k}^n \boldsymbol{U}_{i,k}^{n+\theta})] \tag{5.44}$$

$$\text{AdvV}(\rho_{i,k}) = \frac{\omega_{i,k+1/2}^{n+\theta}}{\Delta z_{i,k}^n}(\rho_{i,k+1/2}^n - \rho_{i,k}^n) - \frac{\omega_{i,k-1/2}^{n+\theta}}{\Delta z_{i,k}^n}(\rho_{i,k-1/2}^n - \rho_{i,k}^n) \tag{5.45}$$

$$\text{DifV}(\rho_{i,k}) = \frac{1}{\Delta z_{i,k}^n}\left[\left(K_\rho \frac{\partial \rho}{\partial z}\right)_{i,k+1/2}^{n+1} - \left(K_\rho \frac{\partial \rho}{\partial z}\right)_{i,k-1/2}^{n+1}\right] \tag{5.46}$$

在本模型中，式（5.42）或式（5.43）的控制体与式（5.1）中的控制体一致，式（5.1）是移动网格系统中的质量守恒方程，用于计算 $\omega_{i,k+1/2}^{n+1}$。对式（5.42）和式（5.43）的水平平流项应用同样的有限体积法离散。并且通过对式（5.1）应用有限体积法离散，可以确保式（5.42）和式（5.43）在离散形式上是等价的，它们都符合连续性方程（5.1）。还可以发现，通过在水深上叠加式（5.42）或式（5.43），得到的方程与离散后的自由表面式（5.19）一致。这样，不论离散式（5.42）或式（5.43）都可以得到守恒解。在 Casulli 和 Zanolli（2005）的研究中，他们开发了一种高分辨率有限体积法，确保在 z 坐标系中求解式（5.42）时满足质量守恒和单调保持性。在本节中，将此方法直接推广到基于垂直边界拟合坐标系的式（5.42）的求解中。式（5.43）中 $\text{AdvH}(\rho_{i,k})$ 和 $\text{AdvV}(\rho_{i,k})$ 的离散形式可概括如下。

$\text{AdvH}(\rho_{i,k})$ 的有限体积法离散格式为

$$\begin{aligned}\text{AdvH}(\rho_{i,k}) = &\frac{1}{A_i \Delta z_{i,k}^n} \sum_{l=1}^{S_i} s_{i,l} \lambda_{j(i,l)} \Delta z_{j(i,l),k}^n u_{j(i,l),k}^{n+\theta} \, {}^*\rho_{j(i,l),k}^n \\ &-\frac{\rho_{i,k}^n}{A_i \Delta z_{i,k}^n} \sum_{l=1}^{S_i} s_{i,l} \lambda_{j(i,l)} \Delta z_{j(i,l),k}^n u_{j(i,l),k}^{n+\theta}\end{aligned} \tag{5.47}$$

式中，${}^*\rho_{j(i,l),k}^n$ 表示 i 单元第 l 边的密度变量，可计算为

$${}^*\rho_{j(i,l),k}^n = [\rho_{i,k}^n + \rho_{m(i,l),k}^n]/2 - \phi_{j(i,l),k} \cdot \text{sgn}[s_{i,l}\Delta z_{j(i,l),k}^n u_{j(i,l),k}^{n+1}] \cdot [\rho_{m(i,l),k}^n - \rho_{i,k}^n]/2 \tag{5.48}$$

其中，$\phi_{j(i,l),k} = 1 - \Phi(r_{j(i,l),k})$。

$r_{j,k}$ 的计算在 Casulli 和 Zanolli（2005）中有描述。将式（5.48）代入式（5.47），得到

$$\text{AdvH}(\rho_{i,k}) = \frac{1}{A_i \Delta z_{i,k}^n} \sum_{l=1}^{S_i} \lambda_{j(i,l)} [s_{i,l} \Delta z_{j(i,l),k}^n u_{j(i,l),k}^{n+\theta} - |s_{i,l} \Delta z_{j(i,l),k}^n u_{j(i,l),k}^{n+\theta}|] \cdot [\rho_{m(i,l),k}^n - \rho_{i,k}^n]/2$$

$$- \frac{1}{A_i \Delta z_{i,k}^n} \sum_{l=1}^{S_i} \Phi_{j(i,l),k} \lambda_{j(i,l)} |s_{i,l} \Delta z_{j(i,l),k}^n u_{j(i,l),k}^{n+\theta}| [\rho_{m(i,l),k}^n - \rho_{i,k}^n]/2$$

$$(5.49)$$

对于 $\text{AdvV}(\rho_{i,k})$ 的近似，根据式（5.32），可将其离散如下：

$$\text{AdvV}(\rho_{i,k}) = \frac{1}{2\Delta z_{i,k}^n} [(\omega_{i,k+1/2}^{n+\theta} - |\omega_{i,k+1/2}^{n+\theta}|) + \Phi(r_{i,k+1/2}) |\omega_{i,k+1/2}^{n+\theta}|] \cdot (\rho_{i,k+1}^n - \rho_{i,k}^n)$$

$$- \frac{1}{2\Delta z_{i,k}^n} [(\omega_{i,k-1/2}^{n+\theta} + |\omega_{i,k-1/2}^{n+\theta}|) + \Phi(r_{i,k-1/2}) |\omega_{i,k-1/2}^{n+\theta}|] \cdot (\rho_{i,k-1}^n - \rho_{i,k}^n)$$

$$(5.50)$$

式中，$r_{i,k\pm1/2}$ 可按式（5.31）计算。

式（5.43）中的水平扩散项 $(F_\rho)_{i,k}^n$ 可以很容易地用有限体积法离散，而 $\text{DifV}(\rho_{i,k})$ 的离散可以用中心差分格式得到。最后，将所有项代入式（5.43），我们可以得到离散的密度方程。通过参考第 5.2.3 节，不难证明得到的离散的密度方程满足单调保持性。

此外，还应强调限制函数 $\Phi(\cdot)$ 在式（5.48）和式（5.50）中的作用。$\Phi(\cdot)$ 由考虑了扩散项影响的 Casulli 和 Zanolli（2005）提出的 minmod 或 superbee 限制函数确定。关于这方面的更多细节，可以参考 Casulli 和 Zanolli（2005）的文献。

5.3 非线性波浪与直立圆柱的相互作用

5.3.1 工程背景

21 世纪是海洋的世纪。随着人类社会的不断发展，人类对资源的要求也越来越高，由于陆地矿产资源有限，人类把目光投向了资源丰富的海洋。海洋不仅有我们所熟知的鱼、虾等生物资源，还有非常丰富的矿产、石油资源。油气资源的勘探和开采离不开海洋平台，在海上海洋平台所受的荷载主要是波浪荷载。在深水区域，波浪形态复杂，非线性作用特别强，已然不是理论上的线性波。在所有波浪形态中，畸形波最引人注目，因为它对海洋结构平台的危害往往是最大的。

近几十年来，不断有畸形波造成船舶失事和工程事故的报道。已有的畸形波记录存在于除北冰洋以外的三大洋中的不同海域。畸形波由于其大波高特性，时常会给海洋结构物带来毁灭性的打击。其中著名的"新年波"（new year wave）于1995 年 1 月 1 日袭击了欧洲北海油田挪威海域的德拉普娜（Draupner）石油平台，造成巨大经济损失。记录显示"新年波"波高为 25.6m，波峰高度达 18.4m。在畸形波海况作用下，挪威的埃科菲斯(Ekofisk)采油平台在欧洲北海发生倾覆（Kaplan and Silbert，1976）。从 1954 至 1982 年，全世界有 36 座石油平台因遭遇大浪的袭击而翻沉（赵西增，2009）。2004 年，飓风伊凡（Ivan）过后，钻井平台 Ensco 64 在距离平台工作位置 60km 外的地方被发现（Veldman et al.，2011）。2005 年，卡特里娜（Katrina）飓风引起的极端海况导致壳牌火星（Shell Mars）和海洋沃里克（Ocean Warwick）等 47 座海洋平台不同程度的破坏（Cruz and Krausmann，2008）。由壳牌（Shell）公司出资 10 亿美元在墨西哥湾 807 区块（新奥尔良地区）投产的火星张力腿平台（Mars tension leg platform，Mars TLP），船身钢结构质量 3.65 万 t，总排水量 5.3 万 t，设计抗风速 62.5m/s，抗浪高 22.86m，比美国 API 规范 21.3m 的设计要求高 1.56m。但 2005 年 Katrina 飓风产生的环境荷载波高 25.9m，风速 64.7m/s，超出了平台设计承受能力，使得 Mars TLP 在飓风作用下受到严重损坏，维护花费超过 100 万工时。因此，模拟畸形波并研究其与海洋结构物的相互作用不仅具有理论价值，而且具有重要的实际工程价值。在实际工程中，常见的各类海洋结构物尤其是目前发展较快的深水海洋结构物当中，圆柱结构十分常见，如为海上船舶运输服务的各类透空式码头下部结构中、利用海上风能发电的各类固定式海上风机下部结构中都会用到圆柱结构。因此，开展畸形波与圆柱相互作用研究对各类海洋工程结构物的设计和运营维护具有十分重要的工程意义，其研究成果也将对海洋工程水动力学的理论发展具有积极的推动作用。

5.3.2　聚焦波和直立圆柱的相互作用

在实际的物理水槽中，研究者常常用时空聚焦的方法产生畸形波（也称聚焦波）。其机理是不同频率波浪的波峰在同一时刻于指定位置处相遇（Kharif and Pelinovsky，2003）。本节利用非静压模型模拟了聚焦波和直立圆柱的相互作用。聚焦波的波谱为等波陡谱，相关参数见表 5.1。两种波况的不同点是波陡不一样，Case23003 的非线性比 Case23001 的更强。

表 5.1　数值模拟波浪参数

波况名称	水深/m	组成波个数/个	波陡
Case23001	0.7	32	0.01
Case23003	0.7	32	0.03

针对该问题，利用非静压模型建立数值水槽。水槽的长 50.0m，宽 2.2m，水深 0.7m，如彩图 13 所示。圆柱半径为 0.11m，放置在离造波板 25.0m 处且圆柱的中心正好和水池中轴线重合。为了监测聚焦波和圆柱相互作用中的波高变化，沿程共放置了 7 个浪高仪，浪高仪布置如图 5.3 所示。

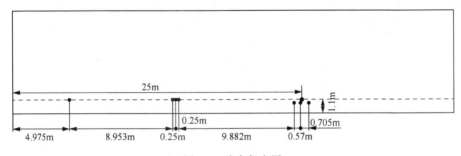

图 5.3　浪高仪布置

数值水池的水平网格的尺寸 $\Delta x = \Delta y = 0.02\mathrm{m}$ ，总的网格数约为 1100000。对于工况 Case23001，时间步长为 $\Delta t = 0.02\mathrm{s}$ ；对于非线性更强的 Case23003，为了保证计算的精度和稳定性，采用更小的时间步长 $\Delta t = 0.01\mathrm{s}$ 来模拟。总共模拟 50.0s 的波浪传播过程。

图 5.4 和图 5.5 展示了 7 个浪高仪处关于波面升高值的非静压模拟结果和试验结果（Sriram et al.，2020）对比。可以看出，在聚焦点处，有一个极陡的波峰出现，非线性越强时聚焦波的波峰越高［图 5.4（e）和图 5.5（e）］，Case23003 中的畸形波波峰高度是 Case23001 中的 4.5 倍。当聚焦波碰到圆柱后，会发生绕射，波峰逐渐降低［图（5.4（g）和图 5.5（g）］。在 Case23001 中，畸形波波峰的数值模拟的结果比试验值高 8.3%；当非线性增强时（Case23003），畸形波波峰的数值模拟的结果却比试验值低 8.6%。这些误差都在可控制的范围之内，总的来说，非静压的模拟结果和试验数据吻合得较好。

图 5.6 和图 5.7 展示了两种波况下圆柱不同高度处压强的数值结果和试验结果（Sriram et al.，2020）对比。z 表示压强测点距水底的距离，θ 表示压强测点和中轴线的角度。图 5.6（d）中，压强一直为 0，而图 5.7（d）中却有压强产生。这是因为 Case23003 的非线性比 Case23001 更强，形成的波峰更高，超过了此压力测点的高度，因此可以监测到压强的产生。随着非线性的增加，波压力更大。在 Case23001 中，最大压强出现在 $(z,\theta) = （0.615\mathrm{m}, 20°）$，而在 Case23003 中，最大压强出现在 $(z,\theta) = (0.715\mathrm{m}, 0°)$ 处，这意味着当流体碰到干边界，会产生很大的作用力。图 5.8 展示了两种波况聚焦位置处波谱的数值结果和试验结果对比，可以看出，数值模拟的谱峰高度比试验的要高。这可能是因为模型的数值耗散比试验中物理耗散更低。当非线性较小时，数值模拟的频谱和试验测得的频谱很接近，当非线性增加时，误差逐渐增加，但是数值模拟的频谱趋势和试验一致。

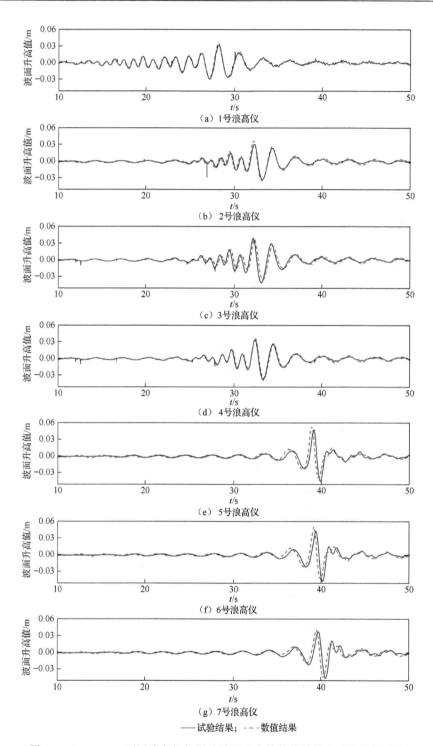

（a）1号浪高仪

（b）2号浪高仪

（c）3号浪高仪

（d）4号浪高仪

（e）5号浪高仪

（f）6号浪高仪

（g）7号浪高仪

——试验结果；- - -数值结果

图 5.4　Case23001 不同浪高仪位置处波面升高的数值结果和试验结果对比

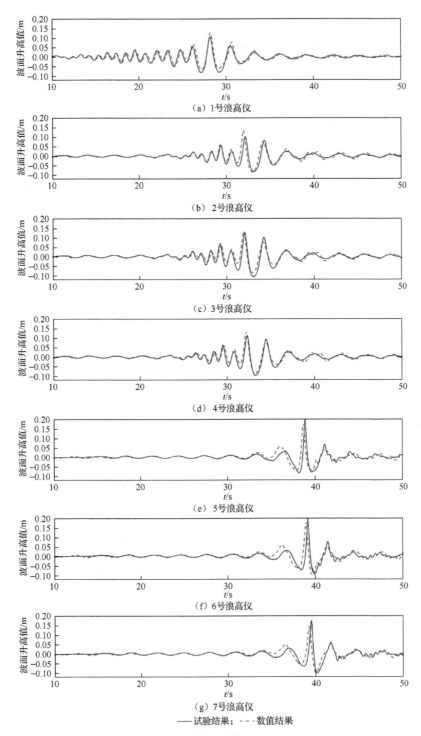

图 5.5　Case23003 不同浪高仪位置处波面升高的数值结果和试验结果对比

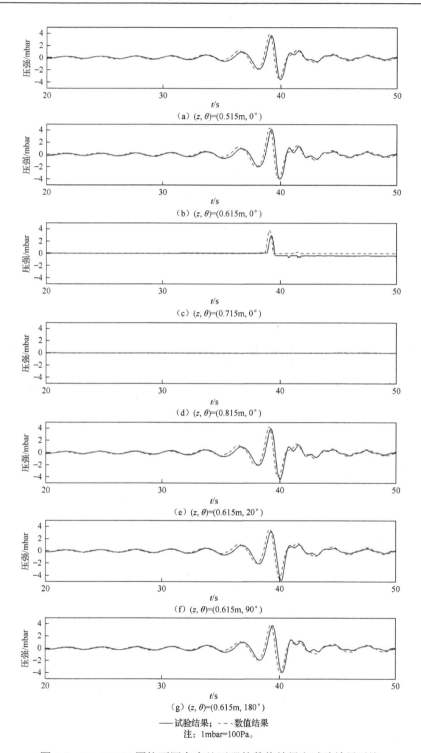

（a）$(z, \theta) = (0.515\text{m}, 0°)$

（b）$(z, \theta) = (0.615\text{m}, 0°)$

（c）$(z, \theta) = (0.715\text{m}, 0°)$

（d）$(z, \theta) = (0.815\text{m}, 0°)$

（e）$(z, \theta) = (0.615\text{m}, 20°)$

（f）$(z, \theta) = (0.615\text{m}, 90°)$

（g）$(z, \theta) = (0.615\text{m}, 180°)$

——试验结果；- - -数值结果
注：1mbar=100Pa。

图 5.6　Case23001 圆柱不同高度处压强的数值结果和试验结果对比

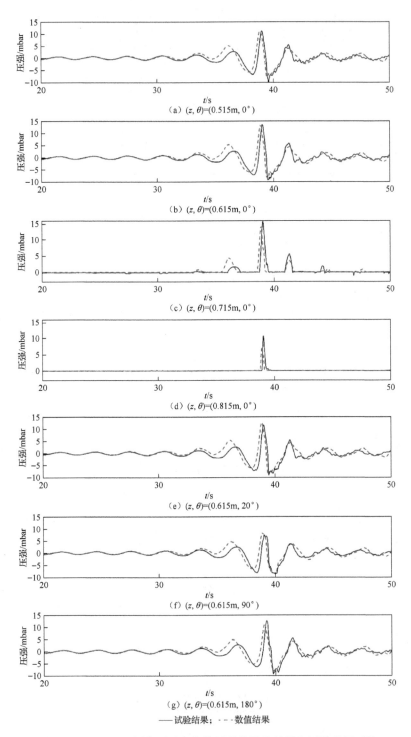

图 5.7　Case23003 圆柱不同高度处压强的数值结果和试验结果对比

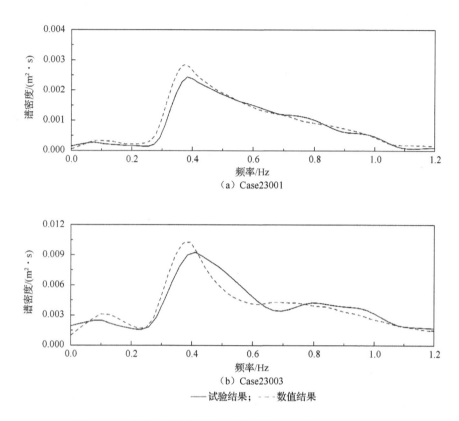

（a）Case23001

（b）Case23003

—— 试验结果；--- 数值结果

图 5.8　两种波况聚焦位置处波谱的数值结果和试验结果对比

　　图 5.9 展示了两种波况圆柱所受的波浪力的历时曲线。可以看出，当波浪非线性越强时，产生的波浪力越大。同时，圆柱波浪力除了有较大的正向压力外，还有很大的负向压力［图 5.9（a）］，这个负向压力是由波谷引起的，当畸形波波峰进一步传播时，会形成"深谷"。图 5.10 展示了两种波况下波浪力的频谱，当非线性较弱时，波浪力的频谱是单峰谱［图 5.10（a）］；当非线性较强时，波浪力的频谱则是双峰谱［图 5.10（b）］。双峰谱主峰的频率为 0.34Hz，而次峰为 0.68Hz。这说明当波浪非线性较强时，圆柱所受的二阶波浪力是不可忽视的，在结构设计时要考虑二阶力的影响。

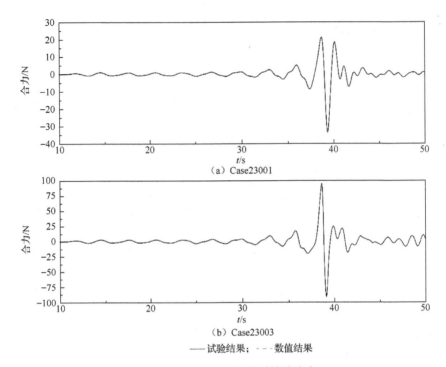

（a）Case23001

（b）Case23003

——试验结果；- - - 数值结果

图 5.9　两种波况圆柱所受的波浪力

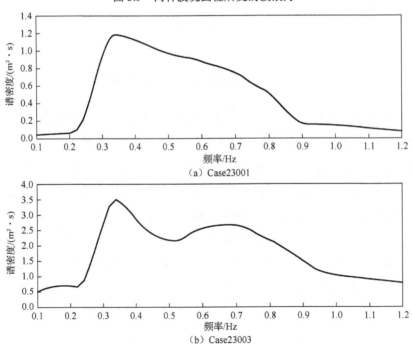

（a）Case23001

（b）Case23003

图 5.10　两种波况下波浪力的频谱

5.4　弱三维波浪相互作用的数值模拟

5.4.1　研究背景及意义

非线性相互作用作为波浪的一个重要特征，是海洋表面波一种极为常见的物理现象，也是水波动力学的关键问题之一。大量研究表明，波浪之间的非线性相互作用会引起波浪谱峰频率下移、能量传递，波浪进而变得陡峭且不稳定，甚至发生破碎。因此，对波浪间非线性相互作用进行深入研究不仅有利于了解波浪的生成及成长机制，还对船舶以及海洋结构物的安全、波浪破碎、极端波浪的形成等多方面的研究具有重要意义。

虽然波浪非线性相互作用的研究已受到学者们的广泛关注，但过去关于波浪非线性相互作用的研究，无论是理论分析、物理试验还是数值计算，大都将其简化为二维条件下进行研究。事实上，实际海洋中的波浪具有明显的方向特性，因此研究三维波浪相互作用更具有实际意义。近些年来，由于试验手段的不断完善以及计算机技术水平的发展，三维波浪非线性相互作用的研究得到了一定发展。但总的来说，由于三维波浪非线性相互作用过程十分复杂，对完全三维波浪非线性相互作用进行研究仍具有很大难度。

5.4.2　两列规则波相互作用的数值模拟

数值模拟计算水槽宽 0.8m，计算水深 0.6m，两水槽夹角为 16°。计算域测点布置如图 5.11 所示。

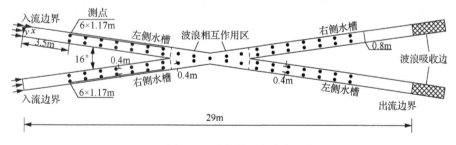

图 5.11　计算域测点布置

三维计算域在垂向采用广义贴体坐标系统分层，共 10 层，其中 0.48m 以下均匀分 8 层，0.48m 以上均匀分 2 层。对于每一层而言，采用二维结构化网格和非结构化网格相结合的方式。波浪作用区域由三角形网格构成，其余区域为矩形网格，网格划分示意图如图 5.12 所示。矩形网格和三角形网格边长均为 0.05m，时间步长为 0.005s，总模拟时长为 50s。对于频率为 0.8Hz 的组次而言，IMS（initial monochromatic steepness，初始波陡）>0.1，kh=1.662，因此入射边界造波方式采用有限水深的三阶斯托克斯波。对于频率是 1.2Hz 的组次，kh 达到了 3.486，因此可被视为深水条件，若入射边界仍采用有限水深的三阶斯托克斯波，则初始波高不满足要求，故这里采用深水五阶斯托克斯波。

图 5.12　计算域网格划分示意图

　　为了保证数值模拟的初始波高与物理试验的一致，故将 x=3.5m 测点处（距造波边界最近的测点）二者的时间序列进行比较。另一方面，模型在求解中间速度场时采用了一阶迎风格式与二阶中心差分格式相结合的混合格式。迎风格式更稳定但易造成更大的数值衰减，中心差分格式则正好相反。一阶迎风格式与中心差分格式分布由参数 α 控制，α 取 0 时为中心格式，取 1 时则为迎风格式，取 0~1 的其他数时为两者混合。将 x=10.52m 测点处（距波浪相互作用区最近的测点）数值模拟与试验的时间序列进行比较，以保证所选用的 α 值合适，这里推荐 α 值取 0.1。相关对比结果如图 5.13 所示。

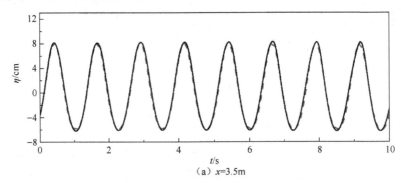

（a）x=3.5m

图 5.13　作用区上游时间序列对比（Case A2）

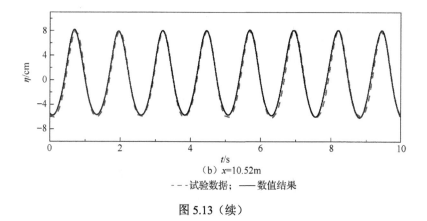

（b）x=10.52m

- - - 试验数据；——数值结果

图 5.13（续）

　　由对比结果可知，数值结果与试验数据吻合良好，因此所选用的 α 参数满足要求。

　　Case A1 组的波列相互作用过程如彩图 14 所示。由图可知，两列规则波同时传播到作用区上游（$t=16.35\text{s}$）。大约 4 个周期以后，整个作用区波面达到稳定状态，作用区的波形前后大致对称。作用过后融合的波列会再次分开，并仍能保持二维特性继续传播。

　　作用区内水槽中线上波高的沿程变化能够直观地反映波浪相互作用及演化过程。数值模拟及试验的相关结果对比如图 5.14 所示。图中，横坐标 x 代表距造波边界的距离，纵坐标采用无量纲波高，可由实际波高 H 除以初始波高 H_0 得到。对比结果表明模型能够准确模拟作用区内波高变化的趋势。需要说明的是，物理试验中左侧水槽和右侧水槽的波高在某些测点处呈现出明显的不对称，而数值模拟中两侧水槽的波高却基本重合。这是由于物理试验中两个水槽的布置很难做到完全对称，细微的差异即可引起波高的不对称，而数值模拟却不存在这种问题，因此数值模拟中左右两侧水槽波高的变化趋势基本一致。

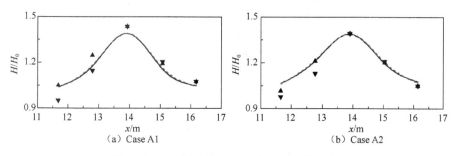

（a）Case A1　　　　　　　　　　　　（b）Case A2

图 5.14　不同组次作用区内波高沿程变化对比

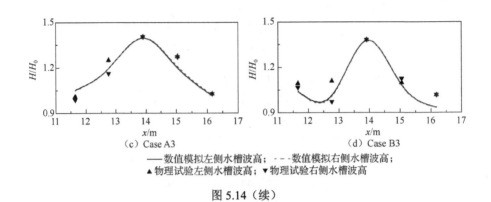

（c）Case A3 （d）Case B3

——数值模拟左侧水槽波高； ---数值模拟右侧水槽波高；
▲物理试验左侧水槽波高；▼物理试验右侧水槽波高

图 5.14（续）

根据 Liu 等（2014）的试验结果，波列相互作用所能达到的最大波高与其初始波高呈线性相关。相关对比结果如图 5.15 所示，数值结果与试验数据吻合良好。图中黑色实线代表最小二乘法拟合曲线，拟合函数见式（5.51）。需要说明的是，在物理试验中，由于浪高仪布置间距大，因此假定相遇后的波列在作用区中心位置达到最大波高，但后来的数值结果表明，最大波高发生的位置实际位于作用区上游半区，且实际位置与波列夹角有关。对于 16°夹角而言，最大波高发生的实际位置相对于中心点略微靠前，波高最大增幅为 1.411cm，略大于中心测点处的值（1.387）。但为了和物理试验参数保持一致，图中最大波高仍采用中心测点处的值。

$$H_{max} = 1.387H_0 + 0.08 , \qquad R^2 = 0.9998 \qquad (5.51)$$

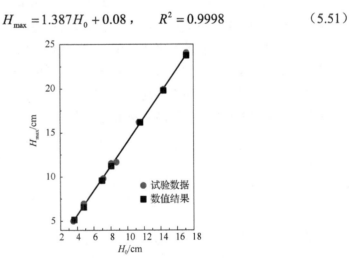

图 5.15 最大波高增幅拟合曲线

B2 和 B4 组作用区下游时间序列对比如图 5.16 所示，$x=17.4\text{m}$ 表示测点距造波边界的距离。

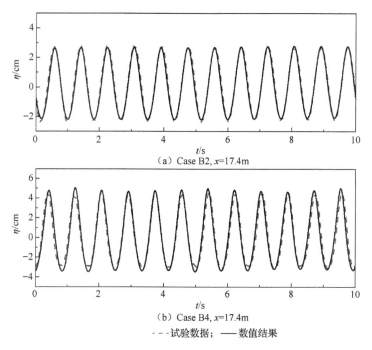

(a) Case B2, x=17.4m

(b) Case B4, x=17.4m

- - - 试验数据；——数值结果

图 5.16　B2 和 B4 组作用区下游时间序列对比

　　为了研究频率及初始波陡的影响，数值模拟还比较了在不同组次情况下，作用区下游（$x=17.4\text{m}$）单侧水槽内平行两测点（图 5.11）的时间序列，对比结果如图 5.17 所示。对于低频率和小波陡组次 [0.8Hz，IMS=0.11，图 5.17（a）]，两测点的时间序列基本重合。频率保持不变而波陡增大 [0.8Hz，IMS=0.21，图 5.17（b）]，两测点的时间序列出现了一定的差别。若保持波陡不变而增大频率 [1.2Hz，IMS=0.11，图 5.17（c）]，两测点的时间序列差别也增大，说明此时水槽内的波面呈现出明显的三维特性。若波陡及频率同时增大 [1.2Hz，IMS=0.21，图 5.17（d）]，则这种波面序列的差异更加显著。以上分析表明，波列频率及初始波陡对波浪作用过程具有显著的影响。频率和初始波陡较小时，两列波在作用过后能保持原来的二维特性继续传播。随着频率及初始波陡的增大，波列则呈现出明显的三维特性。此外，相对于初始波陡而言，频率对波列三维特性的影响更为显著。

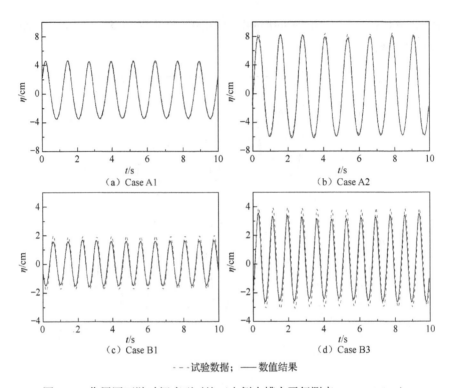

图 5.17 作用区下游时间序列对比（右侧水槽内平行测点，$x = 17.4$m）

上述一系列对比结果表明，数值模型能够准确地模拟"X"型装置中两列规则波的相互作用。

5.4.3 两列聚焦波群相互作用的数值模拟

由于规则波列能量分散，长时间的模拟易造成作用区内严重的波浪反射和绕射，对后续分析造成较大的干扰。聚焦波浪作为一种强非线性波浪具有能量很集中的特点，其相互作用过程不但非线性较强，而且由于时间历时短受波浪绕射和反射的影响较小，因而分析结果更准确。

数值模拟计算水槽宽0.8m，计算水深0.6m，两水槽夹角为24°，测点布置如图5.18所示。三维计算域在垂向采用广义贴体坐标系统分层，共10层，其中0.36m以下均匀分6层，0.36m以上均匀分4层。对于每一层而言，网格划分方式与规则波相同，采用二维结构化网格和非结构化网格相结合的方式。波浪作用区域由三角形网格构成，其余区域为矩形网格，网格划分示意图如图5.12所示。矩形网格和三角形网格边长均为0.05m，时间步长为0.01s，总模拟时长为50s。造波边界采用聚焦波。

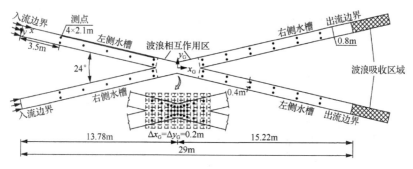

图 5.18　试验装置示意图

聚集波列的相互作用过程如彩图 15 所示，为了充分验证模型的性能，将作用区之上、下游及作用区内测点的波面序列与物理试验进行对比，相关对比结果如图 5.19～图 5.21 所示。

（1）作用区上游测点波面序列对比（图 5.19）。

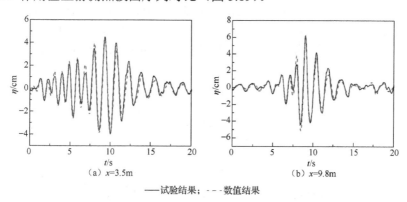

——试验结果；－－－数值结果

图 5.19　作用区上游测点波面序列对比

（2）作用区内测点波面序列对比（图 5.20）。

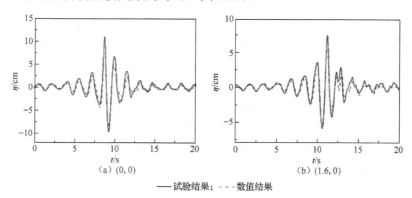

——试验结果；－－－数值结果

图 5.20　作用区内测点波面序列对比

（3）作用区下游测点波面序列对比（图 5.21）。

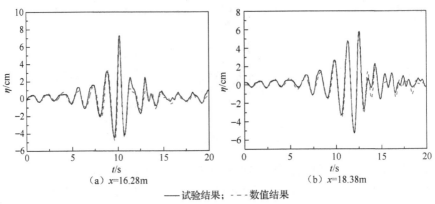

　　　　　　　（a）x=16.28m　　　　　　　　　（b）x=18.38m

——试验结果；---数值结果

图 5.21　作用区下游测点波面序列对比

　　以上对比结果表明，模型较好地模拟了聚焦波列的波面演化及相互作用过程。

　　实际海洋中的波浪具有明显的方向特性，本书运用非静压表面流水波模型，通过"X"型水槽装置，分别模拟了双向规则波列和聚焦波群的非线性相互作用，得到的结果均能与试验结果良好吻合。

5.5　内波的经典算例

　　本节将介绍 3 个内波的经典算例，这些算例本质上是二维垂直（two dimensional vertical，2DV）问题，广泛用于验证非静压模型。

5.5.1　倾斜振荡内波

　　在矩形封闭计算域中，界面初始倾斜的两层流体形成内波振荡。在这个问题上，如 Horn 等（2001）所述，有一个很宽的可能流态范围，取决于两个长度之比：初始波振幅与下层深度之比，即 η_0 / h；下层深度与两层总深度之比 h / H（彩图 16）。在本节中，振荡波是在长 $L = 6$m、宽 $W = 6$m、深 $H = 6$m 的矩形盆地中产生的，两层流体的初始条件分别为 $\eta_0 / h = 0.9$ 和 $h / H = 0.3$。一些学者（Bergh and Berntsen，2010；Botelho et al.，2009；Kanarska et al.，2007）研究了许多类似问题的数值模型，并将模型结果与 Horn 等（2001）的试验数据相比较。

　　两层流体之间的界面由厚度为1.5cm、密度差 $\Delta\rho = 20$kg $/$ m³ 的双曲正切密度剖面初始化。水平和垂直运动涡黏系数设置为 10^{-6} m² $/$ s，而水平和垂直扩散系数设置为 10^{-7} m² $/$ s。我们使用 6724 个三角形网格，其网格平均尺寸为 0.025m，以离散水平域，使用 100 个垂直等距层。在动量微分方程的离散化中也使用了

superbee 限制器函数进行了模拟，计算域中心的界面位移数值结果与试验数据的比较如图 5.22 所示。得到的结果令人满意。与试验结果相比，该模型在 50～100s 范围内预测了更高的波幅和更多的孤子，而在 100～175s 范围内预测了更高的波幅和更慢的波速。与 Kanarska 等（2007）发表的结果相比，总体上取得了良好的一致性，其波速较吻合，特别是当 $t > 175$s 时。

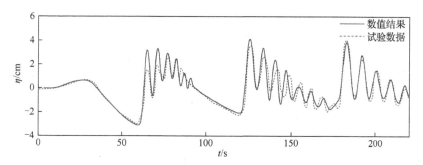

图 5.22　计算域中心的界面位移数值结果与试验数据的比较

5.5.2　Lock-exchange 算例

Lock-exchange 密度流是一种非常著名的用于验证非静压模型的基准算例，许多研究者已经通过实验室试验（Hacker et al.，1996）或数值模拟（Berntsen et al.，2006；Fringer et al.，2006；Härtel et al.，2000；Kanarska and Maderich, 2003；Lai et al.，2010；Özgökmen et al.，2009）对这一过程进行了大量的研究。所谓的 Lock-exchange 密度流是在一个平底区域中产生的，在这个区域中，一个垂直的闸门将两种不同密度的液体分开。当闸门升起时，密度较大的液体向下流动，相应地，较轻的液体向上流动。Lock-exchange 问题特别适合于非静压模型的验证，因为它包含剪切驱动混合和内波，同时它对模型的黏性系数和离散精度非常敏感，因此，它既需要精确的非静压模型，也需要高精度的对流计算格式。在这里，我们给出了不同黏性系数的计算结果，并讨论了不同通量限制函数对结果的影响。

在本节中，以深度为 $2H = 0.1$m、长度 $L_x = 0.8$m、宽度 $L_y = 0.01$m 的矩形计算域为研究对象模拟 Lock-exchange 密度流。起初，左侧较轻的流体被计算域中间的垂直闸门从右侧较浓的流体中分离出来。参考密度 ρ_0 规定为 1000kg / m³，密度差 $\Delta \rho$ 设为 1.019 371kg / m³。这就得到了约化重力加速度 $g' = g \Delta \rho / \rho_0 = 0.01$m / s²。底部粗糙度参数 z_0 选择为 2×10^{-4} m。在其他模拟中使用了类似的计算设置和密度分布（Berntsen et al.，2006；Fringer et al.，2006；Kanarska and Maderich，2003；Lai et al.，2010）。水平计算域使用 4800 个平均大小为 0.02m 的三角形网格进行离散。在垂直方向上，使用 100 个等距离层。时间步长取 $T / 1000$，其中 $T = \sqrt{H / g'}$。

为了与已发表的结果（Berntsen et al.，2006）进行对比，针对 4 种不同的黏性系数（ν 分别为 5.6×10^{-8} m² / s、1.0×10^{-6} m² / s、2.0×10^{-6} m² / s、5.0×10^{-6} m² / s）

进行了模拟。麻省理工学院大气环流模式（Massachusetts Institute of Technology general circulation model，MITgcm）是 z 坐标非静压模型，而卑尔根海洋模型（Bergen ocean model，BOM）是 σ 坐标非静压模型。Berntsen 等（2006）的计算结果通过两个采用 1600×200 网格的立面二维模型获得，在这两个模型的动量方程和密度方程的离散中，采用了 superbee 限制器函数的二阶对流项计算格式。

图 5.23（a）给出了在动量方程离散中使用 minmod 限制器函数和在密度方程离散中使用 superbee 限制器函数［以下称为 MS（minmod-superbee）结果］获得的密度在 $t = 5T$ 时的模拟结果。在动量和密度方程的离散中使用 superbee 限制器函数得到的结果［以下称为 SS（superbee-superbee）结果］如图 5.23（b）所示。在图 5.23 中，$x_1 = (x - L_x / 2) / H$ 和 $z_1 = (z - H) / H$ 是无量纲坐标。SS 结果比 MS 的结果扩散性小，这表明动量方程的平流格式对密度分布有重要影响。MS 结果和 SS 结果之间的差异非常明显，因为黏性系数 ν 为 $5.6 \times 10^{-8} \mathrm{m}^2 / \mathrm{s}$ 和 $1.0 \times 10^{-6} \mathrm{m}^2 / \mathrm{s}$ 的值相对较小。对于 $\nu = 5.6 \times 10^{-8} \mathrm{m}^2 / \mathrm{s}$ 的结果，用 SS 结果可以检测到更多的小尺度涡，这与 BOM 结果吻合得很好。然而，对于 $\nu = 1.0 \times 10^{-6} \mathrm{m}^2 / \mathrm{s}$，SS 的结果与 MITgcm 的结果几乎相同，都显示了一个相对较小的中间涡旋。在 Härtel 等（2000）的研究中也可以发现类似的结果，其中 $\nu = 1.0 \times 10^{-6} \mathrm{m}^2 / \mathrm{s}$ 显示了直接数值结果。Härtel 等（2000）还探测到一个相对较小尺度的中间涡旋。这证明了我们的模型在模拟 Lock-exchange 密度流方面的准确性和能力。对于 $\nu = 2.0 \times 10^{-6} \mathrm{m}^2 / \mathrm{s}$ 和 $\nu = 5.0 \times 10^{-6} \mathrm{m}^2 / \mathrm{s}$ 的结果，MS 结果和 SS 结果之间的差异非常小，并且这两个结果与 BOM 结果非常相似。

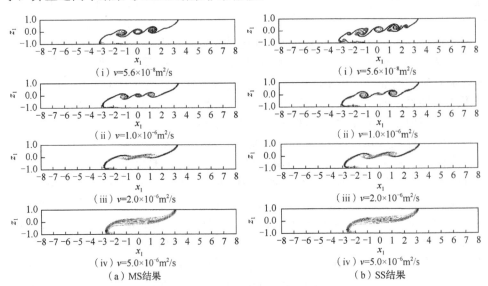

图 5.23　$t = 5T$ 时密度分布的结果

　　表 5.2 给出了不同黏性系数对应的内波波前速度 U_f 和弗劳德数 Fr 的结果。同样来自 Berntsen 等（2006）的 BOM 和 MITgcm 结果也在表 5.2 中给出。如 Härtel 等（2000）所述，内波波前速度 U_f 被定义为波前移动最前点的速度。根据 Berntsen 等（2006）通过寻找密度为 $\rho_0 + \Delta\rho / 2$ 的最低值 x_1 来确定内波波前位置。弗劳德数由下式计算：$Fr = U_f / u_b$，其中 $u_b = \sqrt{g'H} = 0.022\,36\,\mathrm{m/s}$ 是浮力速度。$Gr = (u_b H / \nu)^2$ 是格拉斯霍夫（Grashof）数。假设重力流占水深一半的 Fr 理论值为 $2^{-1/2}$（Benjamin，1968），U_f 的相应值为 $0.015\,81\,\mathrm{m/s}$。由表 5.2 可以看出，波前速度和弗劳德数的计算结果与理论值非常吻合。在整个黏度范围内，随着 Gr 的增加，波前速度和弗劳德数的结果都增加。这些结果的差别很小，最大相对速度误差在 SS 结果和 BOM 结果之间小于 5.3%，而在 SS 结果和 MITgcm 结果之间小于 2.9%。在表 5.3 中，列出了模拟中的一些计算值用于比较。从表 5.3 可以看出，MS 结果和 SS 结果之间的 U_{min}、U_{max} 和 W_{min} 差异显著，说明动量方程中对流计算格式的重要性。SS 结果与 MITgcm 结果接近，x_f、U_{min}、U_{max}、W_{min}、W_{max} 相对误差分别为 1.7%、1.6%、0.7%、4.8% 和 2.3%。这进一步定量地证明，图 5.23 所示的 $\nu = 1.0 \times 10^{-6}\,\mathrm{m^2/s}$ 的结果与 Berntsen 等（2006）的 MITgcm 结果非常相似。

表 5.2　不同黏性系数对应的内波波前速度 U_f 和弗劳德数 Fr 的比较

$\nu / (\mathrm{m^2/s})$	Gr	$U_f / (\mathrm{m/s})$				Fr			
		MS	SS	BOM	MITgcm	MS	SS	BOM	MITgcm
5.0×10^{-6}	5.0×10^4	0.012 07	0.012 19	0.011 55	0.012	0.539 8	0.545 2	0.516 7	0.536 7
2.0×10^{-6}	3.125×10^5	0.012 89	0.012 97	0.012 6	0.012 97	0.576 5	0.580 1	0.563 3	0.580 1
1.0×10^{-6}	1.25×10^6	0.013 41	0.013 51	0.013 12	0.013 39	0.599 7	0.604 2	0.586 7	0.598 8
5.6×10^{-8}	4.0×10^8	0.014 66	0.014 28	0.014 39	0.014 7	0.655 6	0.638 6	0.643 3	0.657 4

表 5.3　在 $\nu = 1.0 \times 10^{-6}\,\mathrm{m^2/s}$ 时的模拟中计算值的比较

项目	x_f	$U_{min} / (\mathrm{cm/s})$	$U_{max} / (\mathrm{cm/s})$	$W_{min} / (\mathrm{cm/s})$	$W_{max} / (\mathrm{cm/s})$
MS	−2.96	−2.179	2.273	−1.008	1.191
SS	−3.01	−2.338	2.477	−1.203	1.242
BOM	−2.87	−2.258	2.422	−1.050	1.208
MITgcm	−2.96	−2.301	2.459	−1.145	1.271

　　注：$t = 5T$；x_f 为锋位置；U_{min} 和 U_{max} 分别为水平速度的最小值和最大值；W_{min} 和 W_{max} 分别为垂直速度的最小值和最大值。BOM 和 MITgcm 的结果来自 1600×200 网格单元的模拟。

5.5.3　内孤立波在斜坡上的爬高破碎

　　内孤立波与斜坡的相互作用可能导致波浪破碎并产生多个向上传播的内孤立波（Vlasenko and Hutter，2002），这个问题也是一个非静压模型试验问题，已由 Michallet 和 Ivey（1999）进行了试验研究。在本研究中，模拟是针对 Michallet

和 Ivey（1999）的第 12 组试验进行的，试验水槽长度为 1.65m，宽度为 0.25m，静水深度为 $H = 0.15\text{m}$。在平坦部分的右端设置线性坡度 $s = 0.217$。类似的计算设置也在其他文献（Berntsen et al.，2006；Keilegavlen and Berntsen，2009；Lai et al.，2010）的模拟计算中使用。计算将水平和垂直黏性系数、扩散系数均设置为 $1.0 \times 10^{-6} \text{m}^2 / \text{s}$ 的恒定值。底部粗糙度参数 z_0 设定为 0.0002m。计算区域使用 4956 个水平三角形网格进行离散，平均尺寸为 0.004m，垂直方向为 100 层。时间步长为 0.0005s，在所有模拟中动量和密度方程均采用 superbee 限制器函数离散。在当前的模拟中，产生内孤立波的参数与 Lai 等（2010）和 Berntsen 等（2006）使用的参数相似。

图 5.24 给出了在 $t = 10\text{s}$ 时的密度和速度的模拟结果，此时的内波尚未到达斜坡。内孤立波的主要特征可以从图 5.24 中看到，图 5.24 显示了一个具有两层相对运动的水平流和两个垂直速度相反的区域。模拟波幅约为 3.0cm，略大于 Berntsen 等（2006）的 2.8cm。波浪到达斜坡底部前的模拟平均相速度为 5.6cm / s，与 Berntsen 等（2006）得到的相应值非常相似。波幅和平均相速度的模拟值也与 Michallet 和 Ivey（1999）的试验数据一致。

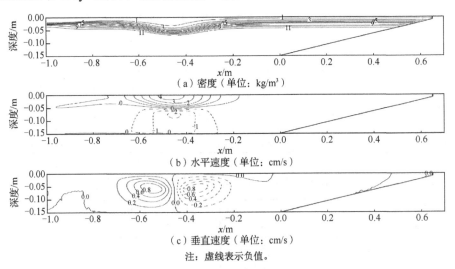

注：虚线表示负值。

图 5.24　$t = 10\text{s}$ 时密度、水平速度和垂直速度的分布

当内波到达斜坡底部时，为了与 Berntsen 等（2006）由 MITgcm 和 BOM 模型获得的结果进行比较，图 5.25 和图 5.26 分别给出了有无底部摩擦的情况下，$t = 32\text{s}$ 和 $t = 37\text{s}$ 时模拟的密度和速度结果。结果表明，无论有无底部摩擦，本模型均与 BOM 模型吻合良好。这是因为在本模拟中使用的垂向网格系统使得本模型类似于 σ 坐标模型。本模型与 MITgcm 模型之间差异很明显，特别是在没有底部摩擦的情况下，这可能是由以下两个原因造成的：一是在现有的垂向边界适应的模型中，虽然引入了 Stelling 和 van Kester（1994）提出的非线性插值方法，但

并没有避免压力梯度误差；二是如 Berntsen 等（2006）所述，无底部摩擦的 MITgcm 模型结果中存在一些误差，这些误差是由底部的阶梯边界引起的。在包含底部摩擦的结果中，本模型得到的分离点的速度约为 2.5cm / s，而 BOM 或 MITgcm 的相应值为 2.2cm / s。尽管当前结果中分离点速度值优于 BOM 或 MITgcm，但它也小于 3cm / s，此值由 Berntsen 等（2006）给出，是根据 Michallet 和 Ivey（1999）提供的试验数据进行估算而得。

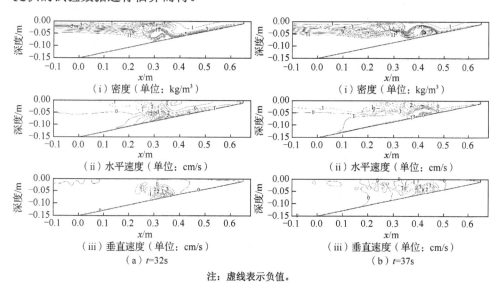

注：虚线表示负值。

图 5.25　在有底部摩擦的情况下，密度、水平速度和垂直速度的分布

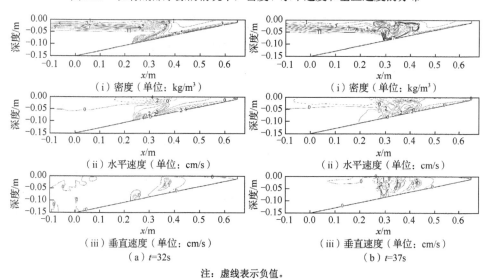

注：虚线表示负值。

图 5.26　在无底部摩擦的情况下，密度、水平速度和垂直速度的分布

　　图 5.27 给出了模拟包含底部摩擦时破碎过程的速度场。在内波到达斜坡的 $t'=0$ 时，上层形成顺时针旋涡，下层形成相对较弱的逆时针旋涡。此后，上部顺时针旋涡略微向上移动，下部逆时针旋涡逐渐增强。模型结果与 Lai 等（2010）发表的非静压有限体积海岸海洋模型（non-hydrostatic finite volume coastal ocean model，FVCOM-NH）结果一致。在其文章中还绘制了 Michallet 和 Ivey（1999）所得的实验室观测速度场。与这些试验结果相比，模型也显示出相当好的一致性。

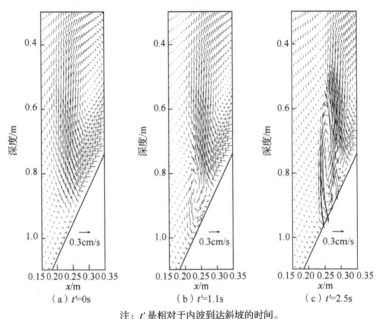

注：t' 是相对于内波到达斜坡的时间。

图 5.27　模拟包含底部摩擦时破碎过程的速度场

展　　望

本书主要介绍了 3 类模拟波浪传播演化的非静压水波模型的开发及应用，包括基于结构化网格的非静压水波模型（NHDUT-SGModel）、基于浸入式边界法的非静压水波模型（NHDUT-IBModel）和基于非结构化网格的非静压水波模型（NHDUT-USGModel）。受作者研究水平和时间所限，仍存在诸多不足和有待进一步补充和完善之处。基于本书所述的 3 类非静压模型，今后将在如下几个方面对模型进行进一步的开发和应用。

1）波、流作用下的泥沙输运问题模拟

波、流等水动力环境引起的泥沙输运会对河口冲淤演变、海岸线演变和海洋建筑物基底冲刷等产生直接影响。在本书所述的非静压水波模型的基础上，通过湍流模型封闭控制方程，并耦合泥沙输运模型和地形演化模型即可实现泥沙输运问题的模拟。相关研究成果可为河口和岸滩的侵蚀保护以及海洋建筑物基底冲刷保护提供依据。

2）波浪作用下海洋结构物动力响应的模拟

为了开发利用海洋资源，各种海洋结构物（如 SPAR 平台、浮式生产储油装置、浮式防波堤等）被建造出来。为了保证这类海洋结构物的安全运行，波浪作用下结构物的动力响应是需要认识的关键问题之一。在基于浸入式边界法建立的非静压模型的基础上，通过耦合结构物的运动方程就可模拟波浪作用下海洋结构物的动力响应。

3）海洋内波的产生和传播演化模拟

我国南海大部分海域沿水深方向存在稳定的层化结构，内波活动频繁。遥感卫星观测资料指出我国南海北部的内孤立波源于吕宋海峡。当这些内孤立波传播至浅海陆地时，会进一步浅化，甚至发生折射、绕射、反射等现象。基于本书介绍的非结构化网格非静压模型，可实现诸如南海内孤立波等海洋内波的产生和传播演化的模拟，揭示内波的产生机理以及内波传播过程中对海洋环境的影响。

4）内波与海洋结构物相互作用的模拟

由海洋内波引起的海洋结构物破坏的事件已发生多起。在设计勘探开采深海石油、天然气等资源设备和水下潜体时，考虑海洋内波的影响是非常必要的。基于浸入式边界法建立的非静压模型，可实现海洋内波与海洋结构物相互作用的模拟，为海洋结构物的设计和安全评估提供依据。

5）海岸带环境生态系统评估模拟

　　风暴潮、海平面变化、海岸开发和污染物排放等是威胁海岸带环境生态系统的主要因素。通过将本书介绍的非结构化网格非静压模型应用于海岸带潮流水动力及污染物输运的模拟，可对海岸带环境生态系统的影响因素进行评估。评估结果有助于推进海岸带生态保护修复工程项目的科学布局与实施，促进海岸带生态系统生态功能与减灾功能协同增效。

参 考 文 献

杜涛，吴巍，方欣华，2001. 海洋内波的产生与分布[J]. 海洋科学，25（4）：25-28.

李孟国，王正林，蒋德才，2002. 关于波浪 Boussinesq 方程的研究[J]. 青岛海洋大学学报（自然科学版），32（3）：345-354.

刘宁，蔡伟，苏永生，2019. 国内外标准斜坡式海堤波浪爬高计算方法对比[J]. 水运工程（4）：25-30.

宋军港，徐文琦，2014. 直立式防波堤兼码头水工结构设计与试验研究[J]. 海岸工程，32（2）：27-36.

翁克勤，1986. 波浪爬高[J]. 海洋工程，4（1）：79-91.

杨凯，李怡，2019. 单坡不规则波爬高计算方法研究综述[J]. 广东水利水电（9）：5-9，21.

叶建华，1990. 黄海中部的低频内波[J]. 青岛海洋大学学报，20（2）：7-17.

张扬，李瑞杰，张素香，等. 2005. 缓坡方程与 Boussinesq 方程特征的分析比较[J]. 海洋湖沼通报（2）：1-7.

赵西增，2009. 畸形波的实验研究和数值模拟[D]. 大连：大连理工大学.

邹国良，2013. 基于非静压方程的近岸波浪变形数值模拟研究[D]. 天津：天津大学.

AHMAD N, BIHS H, MYRHAUG D, et al., 2019. Numerical modelling of pipeline scour under the combined action of waves and current with free-surface capturing[J]. Coastal engineering, 148(3): 19-35.

AI C F, DING W Y, 2016. A 3D unstructured non-hydrostatic ocean model for internal waves[J]. Ocean dynamics, 66: 1253-1270.

AI C F, DING W Y, JIN S, 2014. A general boundary-fitted 3D non-hydrostatic model for nonlinear focusing wave groups[J]. Ocean engineering, 89: 134-145.

AI C F, JIN S, 2010. Non-hydrostatic finite volume model for non-linear waves interacting with structures[J]. Computers & fluids, 39(10): 2090-2100.

AI C F, JIN S, 2012. A multi-layer non-hydrostatic model for wave breaking and run-up[J]. Coastal engineering, 62: 1-8.

AI C F, JIN S, LV B, 2011. A new fully non-hydrostatic 3D free surface flow model for water wave motions[J]. International journal for numerical methods in fluids, 66(11): 1354-1370.

AI C F, MA Y X, YUAN C F, et al., 2018. Semi-implicit non-hydrostatic model for 2D nonlinear wave interaction with a floating/suspended structure[J]. European journal of mechanics B/fluids, 72: 545-560.

AI C F, MA Y X, YUAN C F, et al., 2019a. A 3D non-hydrostatic model for wave interactions with structures using immersed boundary method[J]. Computers & fluids, 186: 24-37.

AI C F, MA Y X, YUAN C F, et al., 2019b. Development and assessment of semi-implicit nonhydrostatic models for surface water waves[J]. Ocean modelling, 144: 101489.

ALAGAN C M, BIHS H, MYRHAUG D, et al., 2015. Breaking characteristics and geometric properties of spilling breakers over slopes[J]. Coastal engineering, 95: 4-19.

BAI W, EATOCK T R, 2006. Higher-order boundary element simulation of fully nonlinear wave radiation by oscillating vertical cylinders[J]. Applied ocean research, 28(4): 247-265.

BAI W, EATOCK T R, 2007. Numerical simulation of fully nonlinear regular and focused wave diffraction around a vertical cylinder using domain decomposition[J]. Applied ocean research, 29(1-2): 55-71.

BALDOCK T E, SWAN C, TAYLOR P H, 1996. A laboratory study of nonlinear surface waves on water[J]. Philosophical transactions. Series A, mathematical, physical, and engineering sciences, 354(1707): 649-676.

BEJI S, BATTJES J A, 1993. Experimental investigation of wave propagation over a bar[J]. Coastal engineering, 19(1-2): 151-162.

BENJAMIN T B, 1968. Gravity currents and related phenomena[J]. Journal of fluid mechanics, 31(2): 209-248.

BENJAMIN T B, FEIR J E, 1967. The disintegration of wave trains on deep water. Part 1. Theory[J]. Journal of fluid mechanics, 27(3): 417-430.

BERGH J, BERNTSEN J, 2010. The surface boundary condition in nonhydrostatic ocean models[J]. Ocean dynamics, 60: 301-315.

BERKHOFF J C W, BOOY N, RADDER A C, 1982. Verification of numerical wave propagation models for simple harmonic linear water waves[J]. Coastal engineering, 6(3): 255-279.

BERNTSEN J, XING J X, ALENDAL G, 2006. Assessment of non-hydrostatic ocean models using laboratory scale problems[J]. Continental shelf research, 26(12-13): 1433-1447.

BEYER R P, LE VEQUE R J, 1992. Analysis of a one-dimensional model for the immersed boundary method[J]. SIAM journal on numerical analysis, 29(2): 332-364.

BIHS H, KAMATH A, CHELLA M A, et al., 2016a. A new level set numerical wave tank with improved density interpolation for complex wave hydrodynamics[J]. Computers & fluids, 140: 191-208.

BIHS H, KAMATH A, CHELLA M A, et al., 2016b. Breaking-wave interaction with tandem cylinders under different impact scenarios[J]. Journal of waterway, port, coastal, and ocean engineering, 142(5): 04016005.

BOOIJ N, BATTJES J A, 1981. Gravity waves on water with non-uniform depth and current[D]. Delft, Netherlands: Technische Hogeschool.

BOTELHO D, IMBERGER J, DALLIMORE C, et al., 2009. A hydrostatic/nonhydrostatic grid-switching strategy for computing high-frequency, high wave number motions embedded in geophysical flows[J]. Environmental modelling and software, 24(4): 473-488.

BOUSCASSE B, COLAGROSSI A, MARRONE S, et al., 2013. Nonlinear water wave interaction with floating bodies in SPH[J]. Journal of fluids and structures, 42(8): 112-129.

BOUSSINESQ J, 1872. Théorie des ondes et de remous qui se propagent le dong d'un canal rectangulaire horizontal, en communiquant au liquid contenu dans ce danal des vitesses sensiblement parallèles de la surface au fond[J]. Journal de mathematique pures et appliquées, 17: 55-108.

BRADFORD S F, 2005. Godunov-based model for nonhydrostatic wave dynamics[J]. Journal of waterway, port, coastal, and ocean engineering, 131(5): 226-238.

BRIGGS M J, SYNOLAKIS C E, HARKINS G S, et al., 1995. Laboratory experiments of tsunami runup on a circular island[J]. Pure & applied geophysics, 144(3-4): 569-593.

CAO H J, ZHA J J, WAN D C, 2011. Numerical simulation of wave run-up around a vertical cylinder[C]// Proceedings of the 21st International Conference on Offshore and Polar Engineering. Hawaii, USA: International Society of Offshore and Polar Engineers: 726-733.

CASTRO-ORGAZ O, HAGER W H, 2011. Joseph Boussinesq and his theory of water flow in open channels[J]. Journal of hydraulic research, 49(5): 569-577.

CASULLI V, 1999. A semi-implicit finite difference method for non-hydrostatic, free-surface flows[J]. International journal for numerical methods in fluids, 30(4): 425-440.

CASULLI V, STELLING G S, 1998. Numerical simulation of 3D quasi-hydrostatic, free-surface[J]. Journal of hydraulic engineering, 124(7): 678-686.

CASULLI V, ZANOLLI P, 2002. Semi-implicit numerical modeling of nonhydrostatic free-surface flows for environmental problems[J]. Mathematical and computer modelling, 36(9-10): 1131-1149.

CASULLI V, ZANOLLI P, 2005. High resolution methods for multidimensional advection-diffusion problems in free-surface hydrodynamics[J]. Ocean modelling, 10(1-2): 137-151.

CHANG K A, HSU T J, LIU P F, 2001. Vortex generation and evolution in water waves propagating over a submerged rectangular obstacle[J]. Coastal engineering, 44(1): 13-36.

CHEN G, KHARIF C, ZALESKI S, et al., 1999. Two-dimensional Navier-Stokes simulation of breaking waves[J]. Physics of fluids, 11(1): 121-133.

CHEN Q, KIRBY J T, DALRYMPLE R A, et al., 2000. Boussinesq modeling of wave transformation, breaking, and runup. II: 2D[J]. Journal of waterway, port, coastal, and ocean engineering, 126(1): 48-56.

CHEN X J, 2003. A fully hydrodynamic model for three-dimensional, free-surface flows[J]. International journal for numerical methods in fluids, 42(9): 929-952.

CHENG M H, HSU J R C, 2010. Laboratory experiments on depression interfacial solitary waves over a trapezoidal obstacle with horizontal plateau[J]. Ocean engineering, 37(8-9): 800-818.

CHENG M H, HSU J R C, CHEN C Y, 2011. Laboratory experiments on waveform inversion of an internal solitary wave over a slope-shelf[J]. Environmental fluid mechanics, 11(4): 353-384.

CHIANG W S, HWUNG H H, 2007. Steepness effect on modulation instability of the nonlinear wave train[J]. Physics of fluids, 19(1): 014105.

CHOI D Y, WU C H, 2006. A new efficient 3D non-hydrostatic free-surface flow model for simulating water wave motions[J]. Ocean engineering, 33(5-6): 587-609.

CHOI D Y, WU C H, YOUNG C C, 2011. An efficient curvilinear non-hydrostatic model for simulating surface water waves[J]. International journal for numerical methods in fluids, 66(9): 1093-1115.

CHOI D Y, YUAN H L, 2012. A horizontally curvilinear non-hydrostatic model for simulating nonlinear wave motion in curved boundaries[J]. International journal for numerical methods in fluids, 69(12): 1923-1938.

CHRISTENSEN E D, 2006. Large eddy simulation of spilling and plunging breakers[J]. Coastal engineering, 53(5-6): 463-485.

CRESPO A J C, DOMÍNGUEZ J M, ROGERS B D, et al., 2015. DualSPHysics: open-source parallel CFD solver based on smoothed particle hydrodynamics(SPH)[J]. Computer physics communications, 187: 204-216.

CRUZ A M, KRAUSMANN E, 2008. Damage to offshore oil and gas facilities following hurricanes Katrina and Rita: an overview[J]. Journal of loss prevention in the process industries, 21(6): 620-626.

DALRYMPLE R A, ROGERS B D, 2006. Numerical modeling of water waves with the SPH method[J]. Coastal engineering, 53(2-3): 141-147.

DE PALMA P, DE TULLIO M D, PASCAZIO G, et al., 2006. An immersed-boundary method for compressible viscous flows[J]. Computers & fluids, 35(7): 693-702.

DEIKE L, PIZZO N, MELVILLE W K, 2017. Lagrangian transport by breaking surface waves[J]. Journal of fluid mechanics, 829: 364-391.

DEIKE L, POPINET S, MELVILLE W K, 2015. Capillary effects on wave breaking[J]. Journal of fluid mechanics, 769: 541-569.

DUCROZET G, BONNEFOY F, LE TOUZÉ D, et al., 2012. A modified High-Order Spectral method for wavemaker modeling in a numerical wave tank[J]. European journal of mechanics B/fluids, 34: 19-34.

DUCROZET G, BONNEFOY F, LE TOUZÉ D, et al., 2016. HOS-ocean: open-source solver for nonlinear waves in open ocean based on High-Order Spectral method[J]. Computer physics communications, 203: 245-254.

ECKART C, 1951. Surface waves on water with variable depth[R]. La Jolla: Scripps Institute of Oceanography.

ELGAR S, GUZA R T, 1985. Observations of bispectra of shoaling surface gravity waves[J]. Journal of fluid mechanics, 161: 425-448.

FADLUN E A, VERZICCO R, ORLANDI P, et al., 2000. Combined immersed-boundary finite-difference methods for three-dimensional complex flow simulations[J]. Journal of computational physics, 161(1): 35-60.

FAWER C, 1937. Etude de quelques écoulements permanents à filets courbes[D]. Lausanne, Swiss : Ecole Polytechnique Federale De Lausanne.

FOCHESATO C, GRILLI S, DIAS F, 2007. Numerical modeling of extreme rogue waves generated by directional energy focusing[J]. Wave motion, 44(5): 395-416.

FRINGER O B, GERRITSEN M, STREET R L, 2006. An unstructured-grid, finite-volume, nonhydrostatic, parallel coastal ocean simulator[J]. Ocean modelling, 14(3): 139-173.

FUHRMAN D R, MADSEN P A, 2007. Simulation of nonlinear wave run-up with a high-order Boussinesq model[J]. Coastal engineering, 55(2): 139-154.

GAO F, MINGHAM C, CAUSON D M, 2012. Simulation of extreme wave interaction with monopile mounts for offshore wind turbines[C]//Proceedings of the 33rd Conference on Coastal Engineering. Santander, Spain: American Society of Civil Engineers: 335-343.

GHIAS R, MITTAL R, DONG H, 2007. A sharp interface immersed boundary method for compressible viscous flows[J].

Journal of computational physics, 225(1): 528-553.

GINGOLD R A, MONAGHAN J J, 1977. Smoothed particle hydrodynamics: theory and application to non-spherical stars[J]. Monthly notices of the Royal Astronomical Society, 181(3): 375-389.

GODA Y, 2010. Random Seas and Design of Maritime Structures[J]. World scientific, 33: 732.

GOMEZ-GESTEIRA M, ROGERS B D, DALRYMPLE R A, et al., 2010. State-of-the-art of classical SPH for free-surface flows[J]. Journal of hydraulic research, 48(1): 6-27.

GONG K, SHAO S D, LIU H, et al., 2016. Two-phase SPH simulation of fluid-structure interactions[J]. Journal of fluids and structures, 65: 155-179.

GRIGORIADIS D, DIMAS A A, BALARAS E, 2012. Large-eddy simulation of wave turbulent boundary layer over rippled bed[J]. Coastal engineering, 60: 174-189.

HACKER J, LINDEN P F, DALZIEL S B, 1996. Mixing in lock-release gravity currents[J]. Dynamics of atmospheres and oceans, 24(1-4): 183-195.

HARLOW F H, WELCH J E, 1965. Numerical calculation of time-dependent viscous incompressible flow of fluid with free surface[J]. Physics of fluids, 8(12): 2182-2189.

HÄRTEL C, MEIBURG E, NECKER F, 2000. Analysis and direct numerical simulation of the flow at gravity-current head. Part 1. Flow topology and front speed for slip and no-slip boundaries[J]. Journal of fluid mechanics, 418: 189-212.

HAYATDAVOODI M, ERTEKIN R C, 2015a. Wave forces on a submerged horizontal plate—Part I : theory and modelling[J]. Journal of fluids and structures, 54: 566-579.

HAYATDAVOODI M, ERTEKIN R C, 2015b. Wave forces on a submerged horizontal plate—Part II: solitary and cnoidal waves[J]. Journal of fluids and structures, 54: 580-596.

HAYATDAVOODI M, SEIFFERT B, ERTEKIN R C, 2014. Experiments and computations of solitary-wave forces on a coastal-bridge deck. Part II : deck with girders[J]. Coastal engineering, 88: 210-228.

HAYATDAVOODI M, SEIFFERT B, ERTEKIN R C, 2015. Experiments and calculations of cnoidal wave loads on a flat plate in shallow-water[J]. Journal of ocean engineering & marine energy, 1: 77-99.

HERMAN A, 2017. Wave-induced stress and breaking of sea ice in a coupled hydrodynamic discrete-element wave-ice model[J]. The cryosphere, 11(6): 2711-2725.

HIGUERA P, LARA J L, LOSADA I J, 2013. Realistic wave generation and active wave absorption for Navier-Stokes models: application to OpenFOAM® [J]. Coastal engineering, 71: 102-118.

HIGUERA P, LARA J L, LOSADA I J, 2014. Three-dimensional interaction of waves and porous coastal structures using OpenFOAM®. Part II : application[J]. Coastal engineering, 83: 259-270.

HIRT C W, NICHOLS B D, 1981. Volume of fluid (VOF) method for the dynamics of free boundaries[J]. Journal of computational physics, 39(1): 201-225.

HODGES B R, STREET R L, 1999. On Simulation of turbulent nonlinear free-surface flows[J]. Journal of computational physics, 151(2): 425-457.

HORN D A, IMBERGER J, IVEY G N, 2001. The degeneration of large-scale interfacial gravity waves in lakes[J]. Journal of fluid mechanics, 434: 181-207.

HSIAO S C, LIN T C, 2010. Tsunami-like solitary waves impinging and overtopping an impermeable seawall: experiment and RANS modeling[J]. Coastal engineering, 57(1): 1-18.

HSIEH C M, CHENG M H, HWANG R R, et al., 2016. Numerical study on evolution of an internal solitary wave across an idealized shelf with different front slopes[J]. Applied ocean research, 59: 236-253.

HSU T J, SAKAKIYAMA T, LIU P L F, 2002. A numerical model for wave motions and turbulence flows in front of a composite breakwater[J]. Coastal engineering, 46(1): 25-50.

HU P X, WU G X, MA Q W, 2002. Numerical simulation of nonlinear wave radiation by a moving vertical cylinder[J]. Ocean engineering, 29(14): 1733-1750.

IAFRATI A, 2009. Numerical study of the effects of the breaking intensity on wave breaking flows[J]. Journal of fluid mechanics, 622: 371-411.

IAFRATI A, 2011. Energy dissipation mechanisms in wave breaking processes: spilling and highly aerated plunging breaking events[J]. Journal of geophysical research oceans, 116(C7): 1-22.

IAFRATI A, CAMPANA E F, 2003. A domain decomposition approach to compute wave breaking(wave-breaking flows)[J]. International journal for numerical methods in fluids, 41(4): 419-445.

JACOBSEN N G, FUHRMAN D R, FREDSØE J, 2011. A wave generation toolbox for the open-source CFD library: OpenFoam®①[J]. International journal for numerical methods in fluids, 70(9): 1073-1088.

JOHANNESSEN T B, SWAN C, 2001. A laboratory study of the focusing of transient and directionally spread surface water waves[J]. Philosophical transactions. Series A, mathematical, physical, and engineering sciences, 457(2008): 971-1006.

JUNG D W, KIM Y J, YANG Y J, et al., 2019. Wave run-up phenomenon on offshore platforms: Part 1. tension leg platform[J]. Transactions of FAMENA, 43(1): 45-63.

KAMATH A, BIHS H, ARNTSEN ϕA, 2015. Numerical investigations of the hydrodynamics of an oscillating water column device[J]. Ocean engineering, 102: 40-50.

KANARSKA Y, MADERICH V, 2003. A non-hydrostatic numerical model for calculating free-surface stratified flows[J]. Ocean dynamics, 53(3): 176-185.

KANARSKA Y, SHCHEPETKIN A, MCWILLIAMS J C, 2007. Algorithm for non-hydrostatic dynamics in the regional oceanic modeling system[J]. Ocean modelling, 18(3-4): 143-174.

KANG A Z, LIN P Z, LEE Y J, et al., 2015. Numerical simulation of wave interaction with vertical circular cylinders of different submergences using immersed boundary method[J]. Computers & fluids, 106(12): 41-53.

KAO T W, PAN F S, RENOUARD D, 1985. Internal solitons on the pycnocline: generation, propagation, and shoaling and breaking over a slope[J]. Journal of fluid mechanics, 159: 19-53.

KAPLAN P, SILBERT M N, 1976. Impact forces on platform horizontal members in the splash zone[C]// Proceedings of the 8th Annual Offshore Technology Conference. Houston,USA: American Association of Petroleum Geologists: 749-758.

KEILEGAVLEN E, BERNTSEN J, 2009. Non-hydrostatic pressure in σ-coordinate ocean models[J]. Ocean modelling, 28(4): 240-249.

KENNEDY A B, CHEN Q, KIRBY J T, et al., 2000. Boussinesq modeling of wave transformation, breaking, and runup. I: 1D[J]. Journal of waterway, port, coastal, and ocean engineering, 126(1): 39-47.

KHARIF C, PELINOVSKY E, 2003. Physical mechanisms of the rogue wave phenomenon[J]. European journal of mechanics B/fluids, 22(6): 603-634.

KLEPTSOVA O, STELLING G S, PIETRZAK J D, 2010. An accurate momentum advection scheme for a z-level coordinate models[J]. Ocean dynamics, 60(6): 1447-1461.

KRAMER S C, STELLING G S, 2008. A conservative unstructured scheme for rapidly varied flows[J]. Numerical methods in fluids, 58(2): 183-212.

LAI J Z, CHEN C, COWLES G W, et al., 2010. A nonhydrostatic version of FVCOM: 1. validation experiments[J]. Journal of geophysical research oceans, 115(C11): 1-23.

LAKE B M, YUEN H C, RUNGALDIER H, et al., 1977. Nonlinear deep-water waves: theory and experiment. Part 2. evolution of a continuous wave train[J]. Journal of fluid mechanics, 83(1): 49-74.

LARA J L, GARCIA N, LOSADA I J, 2006. RANS modelling applied to random wave interaction with submerged permeable structures[J]. Coastal engineering, 53(5-6): 395-417.

LEE J W, TEUBNER M D, NIXON J B, et al., 2006. A 3D non-hydrostatic pressure model for small amplitude free surface flows[J]. International journal for numerical methods in fluids, 50(6): 649-672.

LI B, FLEMING C A, 2001. Three-dimensional model of Navier-Stokes equations for water waves[J]. Journal of

① 应为：OpenFOAM®。

waterway, port, coastal, and ocean engineering, 127(1): 16-25.

LI Y, RAICHLEN F, 2002. Non-breaking and breaking solitary wave run-up[J]. Journal of fluid mechanics, 456: 295-318.

LIN P Z, 2006. A multiple-layer σ-coordinate model for simulation of wave-structure interaction[J]. Computers & fluids, 35(2): 147-167.

LIN P Z, CHANG K A, LIU P L F, 1999. Runup and rundown of solitary waves on sloping beaches[J]. Journal of waterway, port, coastal, and ocean engineering, 125(5): 247-255.

LIN P Z, LI C W, 2002. A σ-coordinate three-dimensional numerical model for surface wave propagation[J]. International journal for numerical methods in fluids, 38(11): 1045-1068.

LIN P Z, LIU P L F, 1998. A numerical study of breaking waves in the surf zone[J]. Journal of fluid mechanics, 359: 239-264.

LIU C R, HUANG Z H, TAN S K, 2009. Nonlinear scattering of non-breaking waves by a submerged horizontal plate: experiments and simulations[J]. Ocean engineering, 36(17-18): 1332-1345.

LIU D. MA Y, PERLIN M. et al., 2014. An experimental investigation of the interaction between the bidirectional wave trains[C]//Chinese-German Joint Symposium on Hydraulic and Ocean Engineering. Hanover, Gemany: Leibniz University of Hanover Press: 7-12.

LO E, MEI C C, 1985. A numerical study of water-wave modulation based on a higher-order nonlinear Schrödinger equation[J]. Journal of fluid mechanics, 150: 395-416.

LO H Y, LIU P L F, 2014. Solitary waves incident on a submerged horizontal plate[J]. Journal of waterway, port, coastal, and ocean engineering, 140(3): 04014009.

LOSADA I J, LARA J L, GUANCHE R, 2008. Numerical analysis of wave overtopping of rubble mound breakwaters[J]. Coastal engineering, 55(1): 47-62.

LUBIN P, GLOCKNER S, 2015. Numerical simulations of three-dimensional plunging breaking waves: generation and evolution of aerated vortex filaments[J]. Journal of fluid mechanics, 767: 364-393.

LUBIN P, VINCENT S, ABADIE S, et al., 2006. Three-dimensional large eddy simulation of air entrainment under plunging breaking waves[J]. Coastal engineering, 53(8): 631-655.

LUCY L B, 1977. A numerical approach to the testing of the fission hypothesis[J]. The astronomical journal, 82(12): 1013-1024.

LYNETT P J, WU T R, LIU P L F, 2002. Modeling wave runup with depth-integrated equations[J]. Coastal engineering, 46(2): 89-107.

MA G F, CHOU Y J, SHI F Y, 2014a. A wave-resolving model for nearshore suspended sediment transport[J]. Ocean modelling, 77: 33-49.

MA G F, FARAHANI A A, KIRBY J T, et al., 2016. Modeling wave-structure interactions by an immersed boundary method in a σ-coordinate model[J]. Ocean engineering, 125: 238-247.

MA G F, HAN Y, NIROOMANDI A, et al., 2015a. Numerical study of sediment transport on a tidal flat with a patch of vegetation[J]. Ocean dynamics, 65(2): 203-222.

MA G F, SHI F Y, HSIAO S C, et al., 2014b. Non-hydrostatic modeling of wave interactions with porous structures[J]. Coastal engineering, 91: 84-98.

MA G F, SHI F Y, KIRBY J T, 2012. Shock-capturing non-hydrostatic model for fully dispersive surface wave processes[J]. Ocean modelling, 43-44: 22-35.

MA Q W, WU G X, TAYLOR R E, 2001. Finite element simulation of fully non-linear interaction between vertical cylinders and steep waves. Part 1: methodology and numerical procedure[J]. International journal for numerical methods in fluids, 36(3): 265-285.

MA Y X, MA X Z, DONG G H, 2015b. Variations of statistics for random waves propagating over a bar[J]. Journal of marine science and technology, 23(6): 864-869.

MA Y X, YUAN C F, AI C F, et al., 2019. Comparison between a non-hydrostatic model and OpenFOAM for 2D wave-structure interactions[J]. Ocean engineering, 183: 419-425.

MA Y X, YUAN C F, AI C F, et al., 2020. Reconstruction and analysis of freak waves generated from unidirectional random waves[J]. Journal of offshore mechanics and arctic engineering, 142(4): 1-22.

MAHADEVAN A, OLIGER J, STREET R, 1996. A nonhydrostatic mesoscale ocean model. Part Ⅰ: implementation and scaling[J]. Journal of physical oceanography, 26(9): 1868-1880.

MAHADEVAN A, OLIGER J, STREET R, 1996. A nonhydrostatic mesoscale ocean model. Part Ⅱ: numerical implementation[J]. Journal of physical oceanography, 26(9): 1881-1900.

MATSUMURA Y, HASUMI H, 2008. A non-hydrostatic ocean model with a scalable multigrid Poisson solver[J]. Ocean modelling, 24(1-2): 15-28.

MAYER S, GARAPON A, SϕRENSEN L S, 2015. A fractional step method for unsteady free surface flow with applications to non-linear wave dynamics[J]. International journal for numerical methods in fluids, 28(2): 293-315.

MELVILLE W K, 1982. The instability and breaking of deep-water waves[J]. Journal of fluid mechanics, 115: 165-185.

MELVILLE W K, 1983. Wave modulation and breakdown[J]. Journal of fluid mechanics, 128: 489-506.

MICHALLET H, IVEY G N, 1999. Experiments on mixing due to internal solitary waves breaking on uniform slopes[J]. Journal of geophysical research oceans, 104(C6): 13467-13477.

MILES J W, 1957. On the generation of surface waves by shear flows[J]. Journal of fluid mechanics, 3(2): 185-204.

MOLIN B, REMY F, KIMMOUN O, et al., 2005. The role of tertiary wave interactions in wave-body problems[J]. Journal of fluid mechanics, 528: 323-354.

MORI N, JANSSEN P A E M, 2006. On kurtosis and occurrence probability of freak waves[J]. Journal of physical oceanography, 36(7): 1471-1483.

MÜLLER P, 2006. The equations of oceanic motions[M]. New York: Cambridge University Press.

NADAOKA K, BEJI S, NAKAKAWA Y, 1994. A fully-dispersive nonlinear wave model and its numerical solutions[C]//Proceedings of the 24th International Conference on Coastal Engineering. Kobe, Japan: ASCE: 427-441.

NAMIN M M, LIN B, FALCONER R A, 2001. An implicit numerical algorithm for solving non-hydrostatic free-surface flow problems[J]. International journal for numerical methods in fluids, 35(3): 341-356.

OHYAMA T, KIOTA W, TADA A, 1995. Applicability of numerical models to nonlinear dispersive waves[J]. Coastal engineering, 24(3-4): 297-313.

OKAYASU A, SUZUKI T, MATSUBAYASHI Y, 2005. Laboratory Experiment and three-dimensional large eddy simulation of wave overtopping on gentle slope seawalls[J]. Coastal engineering, 47(2-3): 71-89.

OSHER S, SETHIAN J A, 1988. Fronts propagating with curvature-dependent speed: algorithms based on Hamilton-Jacobi formulations[J]. Journal of computational physics, 79(1): 12-49.

ÖZGÖKMEN T M, ILIESCU T, FISCHER P F, 2009. Large eddy simulation of stratified mixing in a three-dimensional lock-exchange system[J]. Ocean modelling, 26(3-4): 134-155.

PEREGRINE D H, 1966. Calculations of the development of an undular bore[J]. Journal of fluid mechanics, 25(2): 321-330.

PEREGRINE D H, 1967. Long waves on a beach[J]. Journal of fluid mechanics, 27(4): 815-827.

PESKIN C S, 1972. Flow patterns around heart valves: a numerical method[J]. Journal of computational physics, 10(2): 252-271.

PHILLIPS O M, 1957. On the generation of waves by turbulent wind[J]. Journal of fluid mechanics, 2(5): 417-445.

PHILLIPS O M, 1960. On the dynamics of unsteady gravity waves of finite amplitude Part 1. the elementary interactions[J]. Journal of fluid mechanics, 9(2): 193-217.

QIU L C, 2008. Two-dimensional SPH simulations of landslide-generated water waves[J]. Journal of hydraulic engineering, 134(5): 668-671.

RIJNSDORP D P, SMIT P B, ZIJLEMA M, et al., 2017. Efficient non-hydrostatic modelling of 3D wave-induced currents using a subgrid approach[J]. Ocean modelling, 116: 118-133.

RIJNSDORP D P, ZIJLEMA M, 2016. Simulating waves and their interactions with a restrained ship using a non-hydrostatic wave-flow model[J]. Coastal engineering, 114: 119-136.

SAINFLOU G, 1928. Essai sur les digues maritimes verticales[J]. Annales de ponts et chaussées, 98(11): 5-48.

SANDHU J P S, GHOSH S, SUBRAMANIAN S, et al., 2018. Evaluation of ramp-type micro vortex generators using swirl center tracking[J]. AIAA journal, 56(9): 1-11.

SARFARAZ M, PAK A, 2017. SPH numerical simulation of tsunami wave forces impinged on bridge superstructures[J]. Coastal engineering, 121: 145-157.

SEIFFERT B R, HAYATDAVOODI M, ERTEKIN R C, 2014. Experiments and computations of solitary-wave forces on a coastal-bridge deck. Part I: flat plate[J]. Coastal engineering, 88: 194-209.

SEIFFERT B R, HAYATDAVOODI M, ERTEKIN R C, 2015. Experiments and calculations of cnoidal wave loads on a coastal-bridge deck with girders[J]. European journal of mechanics B/fluids, 52: 191-205.

SERRE F, 1953. Contribution àl'étude des écoulements permanents et variables dans les canaux(Contribution to the study of steady and varied channel flows)[J]. La houille blanche, 8(6-7): 374-388；8(12): 830-887.

SHIH T H, ZHU J, LUMLEY J L, 1996. Calculation of wall-bounded complex flows and free shear flows[J]. International journal for numerical methods in fluids, 23: 1133-1144.

SMAGORINSKY J, 1963. General circulation experiments with the primitive equations[J]. Monthly weather review, 91(3): 99-164.

SPENTZA E, SWAN C, 2009. Wave-vessel interactions in beam seas [C]//Proceedings of the ASME 2009 28th International Conference on Ocean, Offshore and Arctic Engineering. Honolulu, USA: Ocean, Offshore and Arctic Engineering Division: 393-403.

SPEZIALE C G, 1998. Turbulence modeling for time-dependent RANS and VLES: a review[J]. AIAA journal, 36(2): 173-184.

SRIRAM V, AGARWAL S, SCHLURMANN T, 2020. Laboratory study on steep wave interaction with fixed and moving cylinder[J]. International Society of Offshore and Polar Engineers, 31(1): 19-26.

STELLING G S, VAN KESTER J, 1994. On the approximation of horizontal gradients in sigma-coordinates for bathymetry with steep bottom slopes [J]. International journal for numerical methods in fluids, 18(10): 915-935.

STELLING G S, ZIJLEMA M, 2003. An accurate and efficient finite-difference algorithm for non-hydrostatic free-surface flow with application to wave propagation[J]. International journal for numerical methods in fluids, 43(1): 1-23.

SUSSMAN M, PUCKETT E G, 2000. A coupled level set and volume-of-fluid method for computing 3D and axisymmetric incompressible two-phase flows[J]. Journal of computational physics, 162(2): 301-337.

SWAN C, TAYLOR P H, VAN LANGEN H, 1997. Observations of wave-structure interaction for a multi-legged concrete platform[J]. Applied ocean research, 19(5-6): 309-327.

SYNOLAKIS C E, 1987. The runup of solitary waves[J]. Journal of fluid mechanics, 185(1): 523-545.

TITOV V V, SYNOLAKIS C E, 1995. Modeling of breaking and nonbreaking long-wave evolution and runup using VTCS-2[J]. Journal of waterway, port, coastal, and ocean engineering, 121(6): 308-316.

TOFFOLI A, GRAMSTAD O, TRULSEN K, et al., 2010. Evolution of weakly nonlinear random directional waves: laboratory experiments and numerical simulations[J]. Journal of fluid mechanics, 664: 313-336.

TRAN P H, PLOURDE F, 2014. Computing compressible internal flows by means of an immersed boundary method[J]. Computers & fluids, 97: 21-30.

TRYGGVASON G, BUNNER B, ESMAEELI A, et al., 2001. A front-tracking method for the computations of multiphase flow[J]. Journal of computational physics, 169(2): 708-759.

TULIN M P, WASEDA T, 1999. Laboratory observations of wave group evolution, including breaking effects[J]. Journal of fluid mechanics, 378(1): 197-232.

UNVERDI S O, TRYGGVASON G, 1992. A front-tracking method for viscous, incompressible, multi-fluid flows[J]. Journal of computational physics, 100(1): 25-37.

VELDMAN A E P, LUPPES R, BUNNIK T, et al., 2011. Extreme wave impact on offshore platforms and coastal constructions[C]//The 30th International Conference on Ocean, Offshore and Arctic Engineering. Rotterdam,

Netherlands: American Society of Mechanical Engineers: 365-376.

VITOUSEK S, FRINGER O B, 2011. Physical vs. numerical dispersion in nonhydrostatic ocean modeling[J]. Ocean modelling, 40(1): 72-86.

VITOUSEK S, FRINGER O B, 2014. A nonhydrostatic, isopycnal-coordinate ocean model for internal waves[J]. Ocean modelling, 83: 118-144.

VLASENKO V, HUTTER K, 2002. Numerical experiments on the breaking of solitary internal waves over a slope-shelf topography[J]. Journal of physical oceanography, 32(6): 1779-1793.

WALTERS R A, 2005. A semi-implicit finite element model for non-hydrostatic(dispersive)surface waves[J]. International journal for numerical methods in fluids, 49(7): 721-737.

WANG C Z, WU G X, 2010. Interactions between fully nonlinear water waves and cylinder arrays in a wave tank[J]. Ocean engineering, 37(4): 400-417.

WANG D G, ZOU Z L, THAM L G, 2011. A 3-D time-domain coupled model for nonlinear waves acting on a box-shaped ship fixed in a harbor[J]. China ocean engineering, 25(3): 441-456.

WEN H J, REN B, DONG P, et al., 2016. A SPH numerical wave basin for modeling wave-structure interactions[J]. Applied ocean research, 59: 366-377.

WILCOX D C, 2006. Turbulence modeling for CFD [M]. La Canada, USA: DCW Industries, Inc.

WU Y Y, CHENG K F, 2010. Explicit solution to the exact Riemann problem and application in nonlinear shallow-water equations[J]. International journal for numerical methods in fluids, 57(11): 1649-1668.

XING Y, AI C F, JIN S, 2012. A three-dimensional hydrodynamic and salinity transport model of estuarine circulation with an application to a macrotidal estuary[J]. Applied ocean research, 39: 53-71.

YAMAZAKI Y, KOWALIK Z, CHEUNG K F, 2009. Depth-integrated, non-hydrostatic model for wave breaking and run-up[J]. International journal for numerical methods in fluids, 61(5): 473-497.

YAN S, MA Q W, 2009a. Nonlinear Simulation of 3-D freak waves using a fast numerical method[J]. International journal of offshore and polar engineering, 19(3): 168-175.

YAN S, MA Q W, 2009b. QALE-FEM for modelling 3D overturning waves[J]. International journal for numerical methods in fluids, 63(6): 743-768.

YANG C, LIU Y, LIU C G, 2015. Predicting wave loads on adjacent cylinder arrays with a 3D model[J]. Journal of hydraulic research, 53(6): 797-807.

YANG Z X, DENG B Q, SHEN L, 2018. Direct numerical simulation of wind turbulence over breaking waves[J]. Journal of fluid mechanics, 850: 120-155.

YOUNG C C, WU C H, 2009a. An efficient and accurate non-hydrostatic model with embedded Boussinesq-type like equations for surface wave modeling[J]. International journal for numerical methods in fluids, 60(1): 27-53.

YOUNG C C, WU C H, 2010a. A σ-coordinate non-hydrostatic model with embedded Boussinesq-type-like equations for modeling deep-water waves[J]. International journal for numerical methods in fluids, 63(12): 1448-1470.

YOUNG C C, WU C H, 2010b. Nonhydrostatic modeling of nonlinear deep-water wave groups[J]. Journal of engineering mechanics, 136(2): 155-167.

YOUNG C C, WU C H, KUO J T, et al., 2007. A higher-order σ-coordinate non-hydrostatic model for nonlinear surface waves[J]. Ocean engineering, 34(10): 1357-1370.

YOUNG C C, WU C H, LIU W C, et al., 2009b. A higher-order non-hydrostatic σ model for simulating non-linear refraction-diffraction of water waves[J]. Coastal engineering, 56(9): 919-930.

YUAN H L, WU C H, 2004a. A two-dimensional vertical non-hydrostatic σ model with an implicit method for free-surface flows[J]. International journal for numerical methods in fluids, 44(8): 811-835.

YUAN H L, WU C H, 2004b. An implicit three-dimensional fully non-hydrostatic model for free-surface flows[J]. International journal for numerical methods in fluids, 46(7): 709-733.

YUAN H L, WU C H, 2006. Fully nonhydrostatic modeling of surface waves[J]. Journal of engineering mechanics, 2006, 132(4): 447-456.

ZHANG J S, ZHANG Y, JENG D S, et al., 2014. Numerical simulation of wave-current interaction using a RANS solver[J]. Ocean engineering, 75: 157-164.

ZHANG X Q, YU J Z, FENG Y L, 2019. Simulation of a lock-release gravity current based on a non-hydrostatic model[J]. Water supply, 19(6): 1802-1808.

ZHAO X Z, GAO Y Y, CAO F F, et al., 2016. Numerical modeling of wave interactions with coastal structures by a constrained interpolation profile/immersed boundary method[J]. International journal for numerical methods in fluids, 81(5): 265-283.

ZHOU B Z, NING D Z, TENG B, et al., 2013. Numerical investigation of wave radiation by a vertical cylinder using a fully nonlinear HOBEM[J]. Ocean engineering, 70: 1-13.

ZHOU J G, STANSBY P K, 1999. An arbitrary Lagrangian-Eulerian σ (ALES) model with non-hydrostatic pressure for shallow water flows[J]. Computer methods in applied mechanics and engineering, 178(1-2): 199-214.

ZHUANG F, LEE J J, 1996. A viscous rotational model for wave overtopping over marine structure[C]//Proceeding of 25th International Conference on Coastal Engineering. Orlando,USA: ASCE: 2178-2191.

ZIJLEMA M, STELLING G S, 2005. Further experiences with computing non-hydrostatic free-surface flows involving water waves[J]. International journal for numerical methods in fluids, 48(2): 169-197.

ZIJLEMA M, STELLING G S, 2008. Efficient computation of surf zone waves using the nonlinear shallow water equations with non-hydrostatic pressure[J]. Coastal engineering, 55(10): 780-790.

ZIJLEMA M, STELLING G S, SMIT P, 2011. SWASH: an operational public domain code for simulating wave fields and rapidly varied flows in coastal waters[J]. Coastal engineering, 58(10): 992-1012.

彩 图

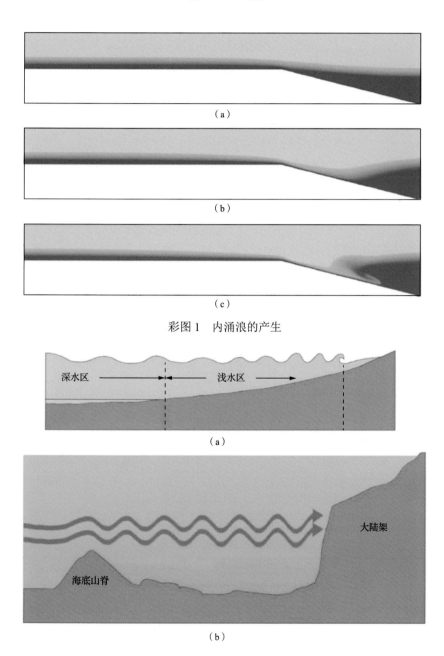

（a）

（b）

（c）

彩图1　内涌浪的产生

（a）

深水区　　　　　浅水区

（b）

海底山脊　　　　　　　　　　大陆架

彩图2　非静压自由表面运动

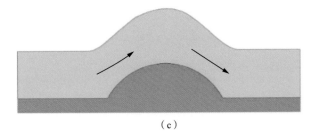

（c）

彩图 2（续）

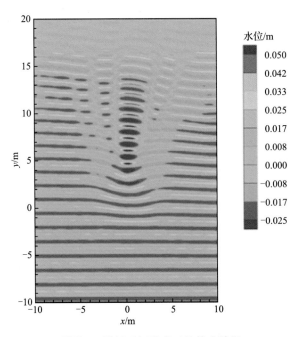

彩图 3　模拟时间结束时的静止波场

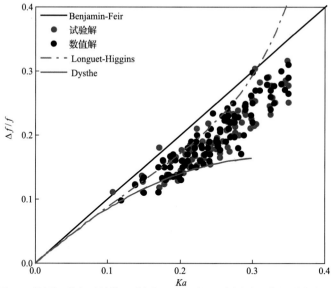

注：Ka为波陡，其中K为波数，a为振幅；$\Delta f/f$为最不稳定频率，其中f为裁波的频率，Δf为边带与载波的频率差。

彩图 4　最不稳定频率对比图

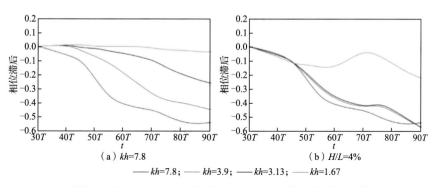

（a）$kh=7.8$　　　　　　　　　　（b）$H/L=4\%$

—— $kh=7.8$；—— $kh=3.9$；—— $kh=3.13$；—— $kh=1.67$

彩图 5　$T=0.88\text{s}$ 时直立墙前 $y=0.0\text{m}$ 处波浪相位滞后变化

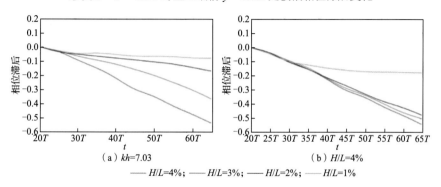

（a）$kh=7.03$　　　　　　　　　　（b）$H/L=4\%$

—— $H/L=4\%$；—— $H/L=3\%$；—— $H/L=2\%$；—— $H/L=1\%$

彩图 6　$T=1.07\text{s}$ 时直立墙前 $y=0.0\text{m}$ 处波浪相位滞后变化

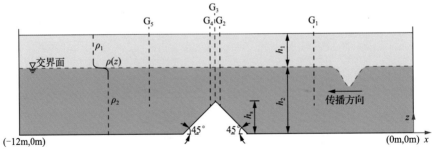

注：ρ_1 和 ρ_2 分别为上下两层流体的密度；h_1 和 h_2 分别为上下两层流体的厚度；

h_s 为山脊的高度；$G_1 \sim G_5$ 为测点位置。

彩图 7 内孤立波在三角形山脊上传播示意图

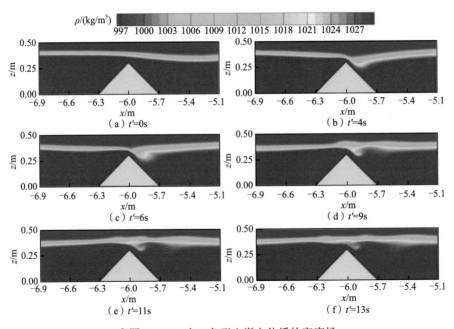

彩图 8 ISW 在三角形山脊上传播的密度场

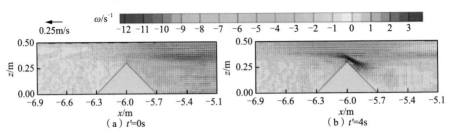

彩图 9 ISW 在三角形山脊上传播的涡量场和速度场

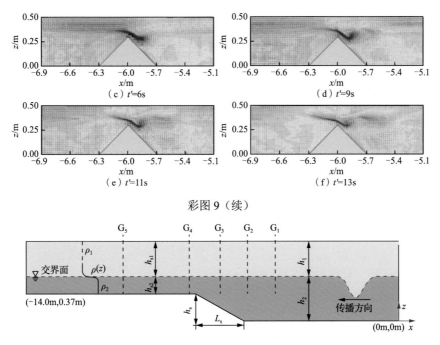

（c）t'=6s （d）t'=9s

（e）t'=11s （f）t'=13s

彩图 9（续）

彩图 10 ISW 在斜坡大陆架地形上传播的示意图

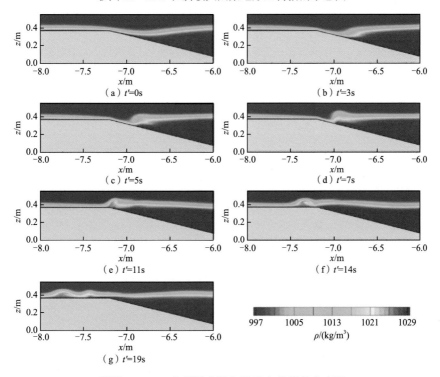

（a）t'=0s （b）t'=3s

（c）t'=5s （d）t'=7s

（e）t'=11s （f）t'=14s

（g）t'=19s

997 1005 1013 1021 1029

$\rho/(kg/m^3)$

彩图 11 ISW 在斜坡大陆架地形上传播的密度场

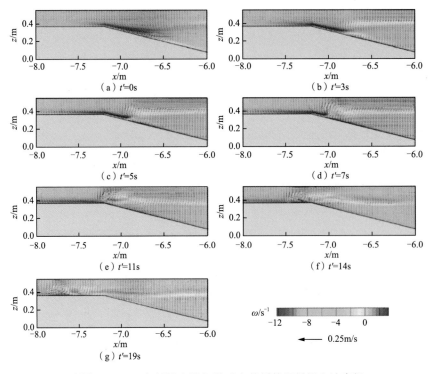

彩图 12　ISW 在斜坡大陆架地形上传播的涡量场和速度场

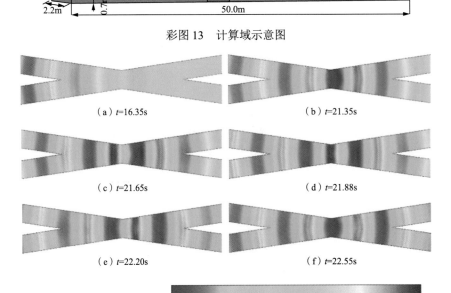

彩图 13　计算域示意图

（a）t=16.35s　　　　　　　　　　　（b）t=21.35s

（c）t=21.65s　　　　　　　　　　　（d）t=21.88s

（e）t=22.20s　　　　　　　　　　　（f）t=22.55s

彩图 14　波列相互作用过程（Case A1）

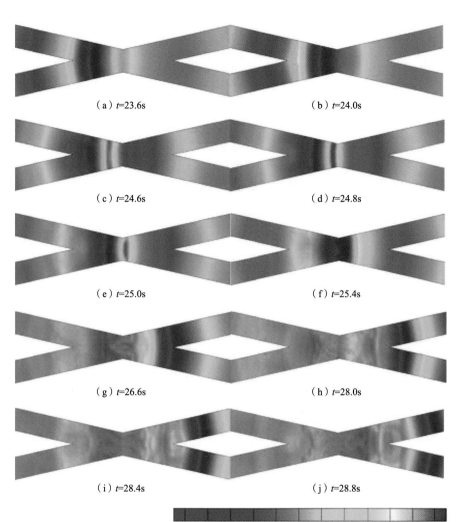

(a) $t=23.6$s   (b) $t=24.0$s

(c) $t=24.6$s   (d) $t=24.8$s

(e) $t=25.0$s   (f) $t=25.4$s

(g) $t=26.6$s   (h) $t=28.0$s

(i) $t=28.4$s   (j) $t=28.8$s

y/m： −0.10 −0.08 −0.06 −0.04 −0.02 0.00 0.02 0.04 0.06 0.08 0.10 0.12

彩图 15   聚焦波列的相互作用过程

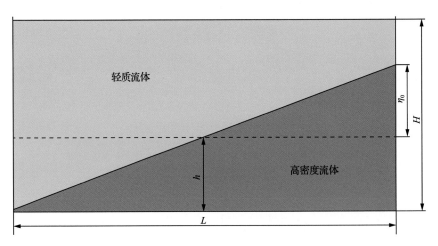

彩图 16　试验性振荡问题示意图